CEMEGOL ELFENNAU
Y TABL CYFNODOL

Mae'r gwrthrychau a deunyddiau bron yn ddiddiwedd o'n cwmpas yn cael eu gwneud mewn gwirionedd i fyny o ddim ond nifer cyfyngedig o elfennau cemegol . Rydym yn gwybod heddiw fod 91 yn bodoli yn naturiol ar y Ddaear . Maent yn dechrau gyda hydrogen a ffurfiwyd yn fuan ar ôl daeth y bydysawd i fodolaeth . 90 arall yn cael eu gwneud naill ai gan adweithiau niwclear sy'n digwydd yn y craidd sêr llosgi neu gan y ffrwydradau trychinebus elwir supernovas sydd weithiau'n cael eu cynhyrchu pan fydd y sêr yn marw . Mae nifer mwy o elfennau yn cael eu gwneud yn artiffisial yn y labordai .

Mae pob elfen yn ymddwyn yn wahanol ac mae ganddo nodweddion gwahanol o bob un o'r lleill . Mae system o drefnu gwybodaeth am yr eiddo cemegol yr elfennau a'r cyfansoddion cemegol maent yn ffurfio yn hanfodol. Mae'r tabl cyfnodol modern yn seiliedig yn bennaf ar waith y fferyllydd Rwsia Dmitry Mendeleyev eu tabl a gyhoeddwyd yn 1869 yn gosod yr elfennau yn y rhesi llorweddol yn ôl eu pwysau gydag un rhes o dan y llall fel a syrthiodd holl elfennau gydag eiddo tebyg mewn colofnau fertigol . Yn yr 20fed ganrif, sydd â gwybodaeth a gafwyd am strwythur yr atom , y ffordd gywir o archebu elfennau ei ddarganfod a'r tabl cyfnodol presennol ei llunio .

Atomau cynnwys protonau , niwtronau ac electronau yn elfennau sylfaenol o'r elfennau . Dangos ffisegydd Saesneg Henry Moseley bod yr hyn sy'n pennu ymddygiad pob elfen yw ei rhif atomig , mae nifer o brotonau yn ei niwclews , nid yw ei bwysau atomig sy'n fesur o gyfanswm nifer y protonau a niwtronau yn y niwclews . Felly, y ffordd gywir o archebu elfennau yn y tabl cyfnodol yn ôl eu rhif atomig . Er bod yr atomau o elfen a roddir yn cael yr un nifer o brotonau gallant gael nifer gwahanol o niwtronau . Gelwir y rhain yn isotopau ac mae eu bodolaeth yn egluro pam fod y pwysau atomig yn ddangosydd annibynadwy o sefyllfa o elfen yn y tabl cyfnodol .

Mae'r elfennau yn cael eu trefnu yn nhrefn eu rhifau atomig mewn rhesi a elwir yn gyfnodau. Symud o'r chwith i'r dde ar draws cyfnod , mae trosglwyddo elfennau sy'n metelau i'r rhai sy'n anfetelau . Gelwir y colofnau fertigol y tabl cyfnodol yn cael eu grwpiau . Mae'r holl elfennau o fewn grŵp briodweddau cemegol tebyg a chyfeirir atynt weithiau fel deuluoedd o elfennau.

PAM MAE ELFENNAU O FEWN GRWP WEDI YMDDYGIAD CHEMICAL TEBYG

Rhif atomig yn penderfynu faint o electronau â gwefr negatif yn cael eu cynnwys yn yr atomau o elfen benodol ac mae'n strwythur yr electronau cylchdroi'r niwclews sy'n penderfynu sut mae elfennau yn adweithio â'i gilydd . Mae'r dosbarthiad hwn o electronau yn y falens , neu allanol , cragen yr atom yn agored i atomau eraill pan fyddant yn ymateb. Elfennau eu falens cregyn yn gwbl llawn yn hynod sefydlog ac yn ymddangos i ymateb gyda bron dim byd arall. Bydd y rhai â chregyn anghyflawn yn tueddu i adweithio ag atomau eraill mewn ffordd a fydd yn cwblhau'r cregyn hyn . Atomau gyda ffurfweddu falens - gragen tebyg briodweddau cemegol tebyg . Elfennau yn yr un grŵp yn y tabl cyfnodol yn cael yr un nifer o electronau falens .

Mae'r tabl cyfnodol felly yw map o'r ffordd y mae electronau yn trefnu eu hunain yn y atomau o elfen benodol . Mae'r gallu i ragweld ymddygiad cemegol elfen yn seiliedig ar y rhes a'r golofn y mae'n cael ei ganfod yn gwneud y tabl cyfnodol yn offeryn cyfeirio amhrisiadwy ar gyfer yr ymarferwyr o wyddoniaeth.

HYDROGEN
Rhif atomig : 1
Symbol Cemegol : H
Grŵp: 1A

Hydrogen yn cynnwys dim mwy na proton sengl, sy'n gwasanaethu fel ei niwclews , cylch gan electron sengl. Mae ei symlrwydd yn helpu i esbonio pam ei fod yn bell y elfen fwyaf niferus , gan wneud i fyny 93 % o'r holl atomau yn y bydysawd . Hydrogen yn nwy sydd heb unrhyw arogl neu flas , yn gwbl ddi-liw - ac yn hynod o flammable.the cyfuniad o hydrogen ag ocsigen yn cynhyrchu ei cyfansoddyn mwyaf cyffredin , water.hydrogen hefyd yn cael ei gynnwys yn gyfansoddion organig , cyfansoddion biolegol yn bresennol mewn organebau byw , mewn persawrau , llifynnau , plaladdwyr , DNAs a phroteinau ! Mae'r rhestr yn mynd ymlaen ac ymlaen !

HELIUM
Rhif atomig : 2
Cemegol Symbol : Mae'n
Grŵp VIII A- Y nwyon nobl

Fel pob nwyon nobl , heliwm yn ddi-liw ac odourless.together hydrogen a heliwm yn ffurfio rhyfeddol 99.9 % o elfennau yn y bydysawd . Mae ei enw yn dod o'r ' Helios ' Groeg sy'n golygu bod y ' haul ' . Heliwm o'r haul yn cael ei gynhyrchu gan y ymasiad hydrogen . Mae'r adwaith yn cyflenwi ynni bod yr haul pelydru i'r gofod . Heliwm ganddo ddwysedd isel ac felly yn ddefnyddiol mewn blimps a balwnau teganau ar gyfer ei hynofedd yn air.astrnomers defnyddio'r hylif oer iawn o heliwm i gael gwared ar ' sŵn ' thermol ei gwneud yn haws ac yn fwy dibynadwy i dderbyn data o alaethau pell .

LITHIUM
Rhif atomig : 3
Symbol Cemegol : Li
Metelau Grŵp IA- Y Alkali

Mae'r lithiwm metel yn adweithiol iawn ac yn cyfuno gyda alwminiwm i ffurfio dwysedd isel , aloi strwythurol gadarn a ddefnyddir mewn awyrennau a gofod . Mae hefyd yn cael ei ddefnyddio fel derfynell cadarnhaol neu anod mewn batris bach a ddefnyddir mewn camerâu , rheolyddion calon a chyfrifianellau . Lithiwm hydrocsid yn effeithlon iawn aer - purifier . Mae'n amsugno CO_2 o'r aer i ffurfio lithiwm carbonad . Lithiwm y gallu gwres uchaf o unrhyw elfen . Eiddo hwn yn ei gwneud yn ddeunydd trosglwyddo gwres delfrydol ac mae'n cael ei ddefnyddio mewn adweithyddion niwclear arbrofol i amsugno'r gwres a gynhyrchir gan y fissioning wraniwm.

Mewn meddygaeth lithiwm carbonad a sitrad lithiwm yn cael eu galw'n sadwyr hwyliau yn effeithiol iawn mewn salwch iselder manig .

BERYLLIUM
Rhif atomig : 4
Symbol Cemegol : Byddwch yn
Grŵp IIA - Y alcaliaidd Metelau Ddaear

Yn ei ffurf pur , Beryliwm yn ysgafn, yn weddol galed , metel llwyd - gwyn. Fel pob metelau sy'n rhan o'r grŵp alcaliaidd ddaear , mae'n llawer rhy cemegol adweithiol i'w cael yn ei gyflwr am ddim. Dyddodion y beryliwm mwynau yn cael eu dosbarthu dros Brasil , yr Ariannin , a'r Unol Daleithiau . Grisialau o beryliwm yn enwog am eu hymddangosiad gogoneddus. Mae emrallt a Aquamarine yn digwydd ffurfiau gwerthfawr mwyn hwn yn naturiol . Chwarae beryliwm rôl allweddol yn darganfod y niwtron ym 1932 ac yn parhau i fod yn ddefnyddiol mewn ymchwil ar niwclysau atomig .

BORON
Rhif atomig : 5
Symbol Cemegol : B
Grŵp III A

Boron yn frau , elfen caled , di - metelaidd . Mae fel arfer yn cael ei rwymo gyda ocsigen , dŵr a sodiwm mewn borax cyfansoddyn enw sy'n cael ei ddefnyddio fel asiant glanhau a meddalydd dwr . Pan fydd dŵr yn cael ei feddalu , magnesiwm a chalsiwm yn cael eu disodli gyda sodiwm cymharol ddiniwed a Potasiwm . Cyfansoddyn boron arall yw boric aced ddefnyddio mewn diwydiant i wneud Pyrex , gwydraid gwrthsefyll gwres arbennig a ddefnyddir mewn ceginau . ' Rhodenni ' Boron yn hanfodol yn y defnydd o adweithyddion niwclear. Gellir eu gostwng i mewn i adweithydd i amsugno niwtronau a thrwy hynny reoli pŵer yn cael ei gynhyrchu gan yr adweithydd.

CARBON
Rhif atomig : 6
Symbol cemegol : C
Grŵp IV A

Carbon yn cynrychioli dim ond 0.09 % o gramen y ddaear yn ôl màs , ac eto dyma'r elfen fwyaf hanfodol ar gyfer bywyd ar ein planed . Carbon ddyledus ei safle canolog yn y byd organig gallu ei atomau i gysylltu ag atomau carbon eraill i ffurfio cadwyni hir sydd naill ai'n syth neu canghennog . Un moleciwl gadwyn hir o'r fath yn y DNA a geir yn y deunydd genetig o'r holl greaduriaid byw . Gall elfennau bodoli mewn nifer o ffurfiau naturiol a elwir yn allotropes . Carbon yn cael ei ganfod yn y ffurflenni allotropic graffit , glo ac mae'r rhan fwyaf drawiadol diemwnt.

NITROGEN
Rhif atomig : 7
Symbol cemegol : N
Grŵp V A

Yn brin o Nitrogen unrhyw eiddo ysgogi synnwyr ac rydym yn anadlu yn gyson mewn symiau mawr wrth i ni anadlu aer. Mae'n ormes yn y nwyon yn atmosffer y ddaear yn gwneud rhai 78 % yn ôl cyfaint . Ffurfiau Nitrogen cannoedd o filoedd o gyfansoddion sy'n hanfodol ar gyfer amaethyddiaeth a diwydiant y mwyaf pwysig o'r rhain yw amonia . Yn ei ffurf nwyol , nitrogen yn cael ei ddefnyddio yn aml mewn sefyllfaoedd lle mae'n bwysig cadw nwyon atmosfferig eraill , yn fwy adweithiol i ffwrdd. Er enghraifft , er mwyn atal ocsidiad gwin, poteli gwin yn aml yn llenwi â nitrogen ar ôl y corcyn yn cael ei symud .

OCSIGEN
Rhif atomig : 8
Symbol cemegol : O
Grŵp VI A

Ocsigen yn bodoli yn yr atmosffer mewn dŵr , ac yng nghramen y ddaear mewn amrywiaeth enfawr o greigiau a mwynau . Mae'n hanfodol ar gyfer bywyd a rhan o bob moleciwl biolegol yn ein cyrff. Er bod llawer o brosesau naturiol yn defnyddio ocsigen , mae'n cael ei ailgyflenwi gyson drwy ffotosynthesis mewn planhigion felly yn barhaus cael ei fwyta ac yn cael eu cynhyrchu yn barhaus . Mae'r fferyllydd Saesneg Joseph Priestley yn cael ei gredydu â darganfod ocsigen . Roedd yn cynhesu ocsid o fercwri a nododd fod y nwy roddodd i ffwrdd achosi i'r gannwyll i losgi gyda fflam hynod wych . Mae'r nwy yn ei ocsigen !

FLUORINE
Rhif atomig : 9
Symbol cemegol : F

Grŵp VII A- Y Halogenau
Mae fflworin yw'r lleiaf , ysgafnaf a'r halogen mwyaf adweithiol . Mae'r holl atomau yn y grŵp hwn yn barod yn cyfuno â metelau i ffurfio halwynau . Mewn sawl rhan o'r byd sodiwm fflworid ei ychwanegu at gyflenwadau dŵr cyhoeddus. Mae ymchwil wedi dangos y gall symiau bach o fflworin retard datblygu tyllau yn y dannedd. Ym mhresenoldeb hydrogen , fflworin llosgiadau gyda grym ffrwydrol cynhyrchu hydrogen fflworid sydd, pan hydoddi mewn ffurflenni dŵr asid hydrofflworig . Mae'n hynod o beryglus. Fodd bynnag, mae'n cael ei ddefnyddio i doddi gwydr ac fe'i defnyddir i ysgythru dylunio ar wrthrychau gwydr.

NEON
Rhif atomig : 10
Symbol cemegol : Ne
Grŵp VIII A- Y Nwyon Noble

Neon fel pob nwyon nobl yn monoatomic . Mae'r arwyddion neon cyfarwydd mewn ffenestri storefront a bwyty yn cynnwys nwy neon sy'n tywynnu pan gaiff ei egni gan rhyddhau trydanol. Pan fydd hyn yn digwydd, atomau neon yn y nwy ollwng ymbelydredd ar ffurf golau oren - goch . Nwyon gwahanol yn cael eu defnyddio i gynhyrchu arwyddion o wahanol colurs . Pob nwy pan cyffroi radiates ei liw nodweddiadol ei hun. Neon masnachol yn cael ei gynhyrchu mewn planhigion awyr - liquefaction . Gan fod neon bwynt berwi o -229 gradd canradd , mae'n parhau i fod fel gweddill ar ôl y nitrogen yn fwy cyfnewidiol ac ocsigen wedi berwi i ffwrdd !

HYDROXIDE
Rhif atomig : 11
Symbol cemegol : Na
Grŵp IA- The Metelau Alcalïaidd

Sodiwm yn olau metel ariannaidd llachar iawn adweithiol ddigon i arnofio ar ddŵr ac yn ddigon meddal i gael ei dorri gyda chyllell . Mae'n rhan o nifer o gyfansoddion pwysig sydd i'w cael dosbarthu'n eang drwy gydol y ddaear . Sodiwm clorid , yr enw cemegol ar gyfer halen bwrdd yn cael ei gloddio mewn symiau enfawr o adneuon halen naturiol . Sodiwm bicarbonad adwaenir yn gyffredin fel soda pobi yn cael ei ddefnyddio i wneud cynnydd nwyddau pobi wrth gael eu gwresogi neu crwst toes godi pan pobi . Fe'i defnyddir hefyd i niwtraleiddio asidedd stumog gormodol ac fel asiant yn ddiffoddwyr tân.

MAGNESIUM
Rhif atomig : 12
Symbol cemegol : Mg
Grwp II A- Y alcalïaidd Metelau Ddaear

Magnesiwm yn bresennol mewn symiau mawr mewn dŵr môr sy'n cefnforoedd y byd yn cynnwys cyflenwad bron diderfyn o'r deunydd a ddiddymwyd . Mae ei fantais fawr yw ei fod yn ysgafn iawn sydd hefyd yn ei gwneud yn ddelfrydol ar gyfer ffugio Automobile a rhannau awyrennau , arfau pŵer , cwt peiriant torri lawnt a beiciau rasio . Magnesiwm hefyd yn bwysig ar gyfer maeth priodol mewn pobl oherwydd ei fod yn hanfodol ar gyfer gweithredu'n briodol o nifer o ensymau . Mae hefyd yn chwarae rhan hanfodol yn y colur y chlorophylls gwyrdd bresennol ym mhob cell planhigyn gwyrdd .

ALUMINUM

Rhif atomig : 13
Symbol cemegol : Al
Grŵp III A

Fel arfer mewn natur cyfuno ag ocsigen , alwminiwm yw'r metel mwyaf niferus yng nghramen y ddaear . Mae'n arweinydd ysgafn ac yn dda o drydan , dau eiddo sy'n ei gwneud yn gynhwysyn delfrydol ar gyfer amrywiaeth eang o gynhyrchion. Mae'n adlewyrchydd ardderchog o ymbelydredd ac yn cael ei defnyddio ar gyfer gwahanol fathau o antenâu , adlewyrchyddion gwres , a drychau solar . Y tu hwnt i'r eiddo arall, alwminiwm yn eithaf adweithiol . Mae'n ffurfio haen ocsid sy'n atal rhag adweithiau pellach gyda'r amgylchedd fel ei fod yn cael ei ystyried yn anghyrydol fel arfer . Alwminiwm hefyd yn ddi - wenwynig , heb arogl na blas .

SILICON
Rhif atomig : 14
Symbol Cemegol : Si
Grŵp IV A

Cyfansoddion silicon rhwymo gemegol i ocsigen yn cyfrif am y rhan fwyaf o'r ddaear tywod , roc a phridd . Heddiw silicon ffurfio sail diwydiant microelectroneg . Mae'r defnydd o sglodion silicon mewn cylchedau printiedig wedi ei gwneud yn bosibl ystafell y crebachu maint cyfrifiaduron yn rhai y gellir gorffwys ar eich glin . Mae'r cyfansoddyn silicon mwyaf pwysig yw silica sy'n bodoli ar ddwy ffurf - cwarts a fflint . Gemau bach a cherrig lled - werthfawr yn grisialau cwarts gyda amhureddau lliw. Silica yn cael ei ddefnyddio wrth gynhyrchu o wydr. Cerameg a silicones yn ddosbarthiadau pwysig eraill o gyfansoddion sy'n seiliedig ar silicon .

ffosfforws
Rhif atomig : 15
Symbol cemegol : P
grŵp VA

Roedd Ffosfforws : Darganfuwyd gan feddyg Hennig Brand yn 1669 . Ef wedi'i ddistyllu y gweddill o ferwi i lawr wrin a chael rhywbeth sy'n disgleirio yn y tywyllwch ac yn byrstio i mewn i fflamau mewn aer cynnes . Ffosfforws a gollyngiadau golau yn dal yn gysylltiedig yn y ffenomen a elwir yn phosphorescence . Sylffid sinc yw'r deunydd phosphorescent sy'n rhoi i ffwrdd scintillations o olau pan taro gan electronau sy'n symud yn gyflym . Mae'r effaith ar y cotio tiwb teledu yn cynhyrchu y ddelwedd teledu. Mae bron pob ffosfforws a ddefnyddir yn fasnachol yw gwneud asid ffosfforig . Mae ei brif ddefnydd yn y cynhyrchu gwrteithiau - bridd heb ffosfforws yn anial . A geir yn gyffredin mewn dwy ffurf hy coch a melyn , y cyntaf yn cael ei ddefnyddio i wneud gemau diogelwch.

SULPHUR
Rhif atomig : 16
Symbol cemegol : S
Grŵp VI A

Sylffwr yn anfetel adweithiol a geir mewn natur o ran ei gyflwr elfennol rhad ac am ddim ac yn y chweched mwynau a mwynau dosbarthu'n eang . Rhai mwynau cyffredin o Sylffwr yn gypswm hy sylffad calsiwm a pyrit a elwir yn aml yn ' aur ffyliaid ' . Yn ychwanegol at eu pwysigrwydd wrth wneud gwrteithiau artiffisial , cadw bwyd , cannu tecstilau a glanhau metelau , cyfansoddion Sylffwr wedi cannoedd o ddefnyddiau eraill wrth adennill metelau o fwynau , gan wneud rwber , glanedyddion, paent a lliwiau , a ffibrau synthetig . Yn wir ar lefel cenedl o ddatblygiad diwydiannol yn cael ei bennu gan ei y pen defnydd o Sylffwr .

CHLORINE
Rhif atomig : 17
Symbol cemegol : Cl
Grŵp VII A- Y Halogenau

Clorin yn nwy deuatomig gwyrdd melyn wenwynig. Gall anadlu hyd yn oed ychydig bach achosi niwed difrifol ar yr ysgyfaint . Gwenwyndra chorine yn ei gwneud yn diheintydd ardderchog ar gyfer pyllau nofio a chyflenwadau dŵr. Cyfansoddyn pwysig o glorin yn clorid hydrogen , nwy sy'n hydoddi mewn dŵr i gynhyrchu asid hydroclorig . Asid hydroclorig yn bresennol yn y sudd gastrig stumog lle mae ei angen at activate protein ensymau dreulio . Symiau mawr o glorin wedi cael eu defnyddio i gynhyrchu pryfleiddiaid . Mae llawer wedi cael eu gwahardd yn ddiweddar gan eu bod yn cael eu hystyried yn llygryddion amgylcheddol .

ARGON
Rhif atomig : 18
Symbol cemegol : Ar
Grŵp VIII A- Y Nwyon Noble

Yn 1894 , daeth argon nwy nobl cyntaf i gael eu darganfod . Mae ei cymwysiadau masnachol yn gwneud defnydd o'i ddiffyg adweithedd . Argon yn gynnyrch bydredd o radio - isotop pwysig a ddefnyddir ar gyfer dyddio samplau o greigiau , a elwir yn dechneg potasiwm - 40.The yn potasiwm - argon dyddio . Mae potasiwm yn hanner oes anarferol o hir o 1.25 biliwn o flynyddoedd ac yn bresennol mewn llawer o greigiau . Pan fydd potasiwm 40 yn dadfeilio , mae'n trawsnewid ei hun i mewn i argon . O ganlyniad, gall un bennu oedran graig drwy bennu faint o argon yn bresennol . Mae'r creigiau hynaf ar y ddaear wedi cael eu pennu gan y dull hwn fel 3800000000 oed.

POTASIWM

Rhif atomig : 19
Symbol Cemegol : K
IA Grŵp Metelau Alcalïaidd

Potasiwm yn hynod adweithiol felly byth yn dod o hyd yn ei gyflwr am ddim yn natur . Fe'i ceir mewn môr - dŵr , er mewn symiau llai na sodiwm , sy'n cyfateb cemegol . Potasiwm yn hanfodol ar gyfer twf planhigion cymaint o'r potasiwm mewn mwynau toddedig yn cael ei gymryd gan blanhigion cyn cyrraedd y môr . Mae isotop sy'n digwydd yn naturiol o potasiwm yw corff potssium - 40.Human yn cynnwys 140 gram o botasiwm . Ers y digonedd o potasiwm - 40 yw 0.012 y cant , yr ydym i gyd yn eu gwneud yn rhannol cynnwys hwn isotop adweithiol . Mae'n cyfrannu'n sylweddol at ein dos oes o ymbelydredd

CALCIUM
Rhif atomig : 20
Symbol Cemegol : Ca
Grwp II A- Y Alcalïaidd Metelau Ddaear

Calsiwm yn elfen bwysig ar gyfer ystod eang o organebau byw . Dannedd ac esgyrn dynol yn cynnwys calsiwm ac organau morol adeiladu eu cregyn o galsiwm carbonad . Lime , cyfansoddyn o galsiwm yn gemegyn diwydiannol hanfodol. Un o'i ddefnyddiau cynnar oedd mewn goleuadau theatrig . Pan calch yn cael ei gynhesu i dymheredd uchel , mae'n rhoi i ffwrdd golau glasaidd - gwyn dwys . Fe'i defnyddiwyd yn gynnar yn y 19eg ganrif i oleuo actorion sy'n arwain at yr ymadrodd ' yn llygad y cyhoedd . ' Mae'n debyg y defnydd modern mwyaf pwysig o galch yn y cynhyrchu haearn o'i mwynau .

Scandiwm
Rhif atomig : 21
Symbol Cemegol : Sc
Grŵp III B Row First Elfen Pontio

Scandiwm pennaeth y elfennau trosiannol rhes gyntaf . Maent i gyd yn eithaf anadweithiol metelau ac mae llawer yn hynod o beryglus . Scandiwm yn metel pwysau ysgafn iawn gyda ymdoddbwynt weddol uchel ac yn dangos ymwrthedd da i cyrydu . Mae'r eiddo wedi ei gwneud yn o ddiddordeb mawr i'r diwydiant awyrofod ar gyfer adeiladu awyren . Scandiwm yn ffurfio ychydig cyfansoddion defnyddiol. Mae'r metel ei hun wedi dod o hyd rhywfaint o ddefnydd mewn dyfeisiau electronig megis lampau dwysedd uchel sy'n cynhyrchu golau gyda gwerth lliw yn agos at hynny o olau haul naturiol. Lampau o'r math hyn yn aml yn cael eu defnyddio i oleuo stadia pêl-droed .

TITANIUM
Rhif atomig : 22
Symbol cemegol : Ti

Grŵp IV B Row Cyntaf Elfen pontio

Titaniwm yn ei gyflwr pur yn metel sy'n hawdd i weithio ac yn eithaf hydwyth neu y gellir eu tynnu i mewn i gwifren . Er gwaethaf ei bwysau ysgafn, mae'n anarferol o gryf a bron yn imiwn i fathau arferol blinder metel. Mae hefyd yn cael gwrthwynebiad eithriadol i cyrydiad fel bod ganddo'r pob eiddo angen i'w wneud yn ddeunydd delfrydol ar gyfer peiriannau jet a rocedi . Mae'r cyfansoddyn mwyaf pwysig yw titaniwm deuocsid sylwedd gyda lliw gwyn gwych dwys sy'n cael ei ddefnyddio fel pigment ar gyfer paentiau , papur a phlastig .

VANADIUM
Rhif atomig : 23
Symbol cemegol : V
Grŵp VB First Row Elfen Pontio

Fanadiwm yn metel sgleiniog llachar sydd yn weddol feddal ac yn hynod gwrthsefyll cyrydu . Mae athro Mecsicanaidd o mwynoleg sef Andres Manuel del Rio darganfod fanadiwm yn 1801 . Cafodd ei enwi yn ddiweddarach ar ôl y dduwies Sgandinafaidd Vanadis oherwydd ei gyfansoddion lliw hardd lawer. Mae tua 80 % o'r fanadiwm a gynhyrchir yn yr Unol Daleithiau yn mynd i mewn i gynhyrchu o ddur.

CHROMIUM
Rhif Atonic : 24
Symbol Cemegol : Cr
Grŵp VI B Row First Elfen Pontio

Cromiwm ei enwi o'r gair Groeg ' chroma ' sy'n golygu lliw. Mae lliw hardd llawer o gemau gwerthfawr - y coch cwrel , gwyrdd nodweddiadol o'r emralltau - yn oherwydd y presenoldeb olrhain faint o gromiwm . Fel arfer, mae'r metel yn cael ei dynnu o chromite , ocsid o gromiwm sydd ei fwyn pwysicaf. Pan fydd yn agored i'r awyr, cromiwm yn ffurfio ocsid anweledig sy'n ei gwneud yn hynod gwrthsefyll cyrydu ac yn ddefnyddiol iawn fel gorchudd addurnol ac amddiffynnol dros metelau eraill megis pres , efydd a dur . Cromiwm hefyd yn cael ei ddefnyddio i gynhyrchu dur di-staen .

MANGANESE
Rhif atomig : 25
Symbol cemegol : Mn
Grŵp VII B First Row Elfen Pontio

Manganîs yn metel llwyd - gwyn caled sy'n edrych fel ac mae llawer o eiddo tebyg i haearn . Ychwanegu manganîs i dur yn gwneud yn anarferol o galed ac yn gallu gwrthsefyll sioc . Dur o'r fath yn ddelfrydol i'w defnyddio mewn casgenni reiffl , daeargelloedd banc , traciau rheilffordd , ac offer symud pridd . Manganîs hefyd yn ychwanegu caledwch , cryfder a gwrthwynebiad cyrydu i aloion alwminiwm a magnesiwm . Mae'r permanganate potasiwm cyfansoddyn lliw porffor sy'n cael ei weld weithiau mewn gwydr hynafol . Er gweithgynhyrchwyr gwydr mwyach yn defnyddio manganîs , ei allu i liwio gwrthrychau yn cael ei ddefnyddio i fywiogi cerameg a chrochenwaith .

IRON
Rhif atomig : 26
Symbol cemegol : Fe
Grŵp VIII B Row First Elfen Pontio

Yn ôl pob tebyg Haearn yw'r metel mwyaf cyffredin yn y gymdeithas ddynol . Pa un a ydym yn defnyddio sgriwdreifer neu reidio car neu drên , pwysigrwydd a defnyddioldeb o haearn fel deunydd strwythurol yn amlwg. Mae'r tu mewn i'r ddaear a elwir yn craidd yn cael ei wneud o haearn tawdd . Y gallu i fireinio'r metel gwasanaethu fel carreg filltir bwysig yn natblygiad dynol a elwir yn Oes yr Haearn (1000 CC) . Ei arwain darganfyddiad at offer ac arfau a oedd yn galetach ac yn fwy gwydn na rhai o'r Oes Efydd. Heddiw mae mwy na 90 % o'r holl fetelau mireinio yn haearn.

COBALT
Rhif atomig : 27
Symbol cemegol : Cyd
Grŵp VIII B Row First Elfen Pontio

Mae mwyn brif cobalt yn cobaltite . Mae'r metel pur yn cael ei sicrhau drwy rhostio mwyn hwn . Mae'r cobalt enw yn dod o'r ' kobold ' Almaenig sy'n cyfeirio at ysbryd drwg . Glowyr yn aml yn dweud bod ddamweiniau sy'n digwydd yn y meddwl yn cael eu hachosi gan ' kobold ' . Cobalt yn cael ei ychwanegu at ddur i wella ei gallu i wrthsefyll cyrydu . Pan cobalt yn gymysg gyda twngsten a chopr , mae'n ffurfio Stellite , metel sy'n cadw ei galedwch ar dymheredd uchel gan ei wneud yn ddelfrydol ar gyfer ymarferion cyflymder uchel ac offerynnau torri. Fel cobalt haearn yn cael ei magnetized yn hawdd. Mae sylwedd magnetig pwerus a elwir yn alnico yn aloi o cobalt , alwminiwm a nicel .

NICKEL
Rhif atomig : 28
Symbol cemegol : Ni
Grŵp VIII B Row First Elfen Pontio

Nicel yn cael ei ychwanegu yn aml i metelau eraill megis haearn a dur i ffurfio aloion gwrthsefyll ocsideiddio . Nichrome y metel a ddefnyddir i wneud elfennau gwresogi yn tostwyr a ffyrnau trydan yn aloi o gromiwm a nicel . Gwrthiant trydanol uchel o nichrome ynghyd â'i ymdoddbwynt uchel yn gwneud yn ddefnydd effeithlon iawn i drosi trydan i gynhesu . Defnydd bwysig o'r metel yn mewn batris nicel - cadmiwm . Mae'r batri yn aildrydanadwy sy'n ei gwneud yn arbennig o ddefnyddiol mewn cyfrifianellau , cyfrifiaduron a shavers trydan diwifr .

COPPER
Rhif atomig : 29
Symbol cemegol : Cu
Grŵp IB First Row Elfen Pontio

Defnydd cyfarwydd o ddŵr yn y pibellau sy'n cario dŵr i mewn i'r gegin . Gan fod copr yn un o'r arweinyddion gorau trydan , gwifrau copr yn cael eu defnyddio yn eang i drosglwyddo ynni trydanol o orsafoedd ynni i gartrefi , swyddfeydd , ffatrïoedd ac adeiladau eraill ac o allfeydd wal i offer trydanol. Unwaith copr yn cael ei ddefnyddio i wneud botymau ar gyfer siacedi gwisg ysgol ar gyfer blismyn a dyna pam y ' copr ' llafar ar gyfer yr heddlu . Pres , aloi o gopr a sinc Mae amrywiaeth eang o ddefnyddiau o galedwedd i sinc .

ZINC
Rhif atomig : 30
Symbol cemegol : Zn
Grŵp I B Row First Elfen Pontio

Yn ei gyflwr pur , sinc yn frau metel caled ,, ariannaidd . Mae'n gymharol gwrthsefyll cyrydu ac yn gyflym yn ffurfio haenen ocsid caled sy'n atal rhag ymateb yn ymhellach gyda'r aer. Yn y broses a elwir yn galvanization , haen o sinc yn cael ei orchuddio dros dur i atal rhydu . Mae gan y metel llawer o ffyrdd eraill . Un o'r rhai mwyaf pwysig yn y batri cell sych cyffredin. Ers 1981 sinc wedi gwasanaethu fel y prif metel yn yr ceiniog yr Unol Daleithiau. Sinc hefyd yn cael ei gyfuno â chopr i ffurfio pres .

Gallium
Rhif atomig : 31
Symbol cemegol : Ga
Grŵp III A Post Metal Pontio

Gallium yn fetel meddal iawn gyda ymdoddbwynt isel iawn ac yn bwynt berwi uchel iawn o 2,403 gradd canradd . Mae'r ystod o dymereddau lle gallium yn hylif yw'r mwyaf o unrhyw fetel hysbys. Mae hyn yn ei gwneud yn ddefnyddiol i thermomedrau gradd uchel arbennig. Hyd at ychydig yn ddiweddar gymwysiadau ymarferol gallium yn hysbys. Mae hyn yn newid yn gyflym gyda'r darganfyddiad y gallai galiwm arsenid weithredu fel deuod laser ac addasu trydan yn uniongyrchol i mewn golau laser . Deuodau allyrru golau yn cael eu defnyddio mewn amrywiaeth o wylio a chwaraewyr autodisc .

germaniwm

Rhif atomig : 32
Symbol cemegol : Ge
Grŵp IV A Metalloid

Germaniwm yn elfen solet llwyd tywyll gymharol brin . Nid yw byth yn dod o hyd ar ffurf pur o ran eu natur , ond cyfuno ag ocsigen . Gelwir germaniwm yw lled -ddargludyddion . Mae ychwanegu ychydig bach o amhureddau yn fawr yn cynyddu ei allu i gynnal trydan . Germaniwm ' doped ' yn cael ei ddefnyddio i wneud transistorau sydd wrth wraidd y diwydiant electroneg cyflwr solet . Gyda cyffuriau degau o filoedd o transistorau yn awr yn cael ei ffurfio ar sglodyn germaniwm bach sydd mewn gwirionedd yn dod yn cyfrifiadur bach. Deunyddiau o'r fath wedi gwneud bosibl y chwyldro mewn electroneg miniaturization .

ARSENIC
Rhif atomig : 33
Symbol cemegol : Fel
Grŵp VA Metalloid

Arsenig yn grisialog brau solid ar dymheredd ystafell. Ar ffurf ocsid arsenious ei fod yn wenwyn adnabyddus. Mae'n cael ei ddefnyddio fel chwynladdwr a phryfleiddiad . Arsenig fel gwenwyn wedi dal dychymyg llawer awdur trosedd. Cyn datblygiadau diweddar mewn technegau fforensig , roedd yn amhosibl i ganfod yng nghorff y dioddefwr. Er ei fod yn gwenwyn, cyfansoddion arsenig wedi cael eu defnyddio at ddibenion meddyginiaethol yn ogystal , mae'r '606 rhai mwyaf adnabyddus ' a ddyfeisiwyd gan Paul Ehrlich fel iachâd ar gyfer syffilis .

SELENIUM
Rhif atomig : 34
Symbol cemegol : Se
Grŵp VI A Metalloid

Mwynau dwyn Seleniwm yn rhy brin i gael eu cloddio yn broffidiol . Oherwydd bod y metalloid i'w gael yn y cwmni o gopr a Sylffwr , mae bron pob seleniwm ei adennill fel is -gynnyrch puro copr a gweithgynhyrchu o asid sylffwrig . Seleniwm yn bodoli ar ddwy ffurf - coch a llwyd . Seleniwm Gray yn photoconductor golygu er bod arweinydd gwael o drydan fel arfer , mae'n dod ac arweinydd rhagorol ym mhresenoldeb golau . Mae hyn yn gwneud seleniwm werthfawr fel synhwyrydd golau yn roboteg a mesuryddion golau.

BROMINE
Rhif atomig : 35
Symbol cemegol : Br
Grŵp VII A Mae'r Halogenau

Bromin yn hylif coch gyda arogl chwerw . Mae ei enw yn deillio o'r bromos Groegaidd sy'n golygu drewdod . Gellir bromin i'w gweld mewn dŵr môr , mwyngloddiau halen o dan y ddaear , a ffynhonnau heli dwfn. Mae defnydd mawr o bromin mewn cynhyrchu ychwanegyn petrol a elwir yn dibromide ethylen . Mae'r cyfansoddyn hwn yn cael gwared ar yr ychwanegion blaen ar ôl hylosgi petrol atal ffurfio dyddodion plwm. Bromin yn hynod wenwynig ac llosgi'r croen. Ar ben hynny gall ei anweddau gwenwynig niweidio trwyn a'r gwddf.

KRYPTON
Rhif atomig : 36
Symbol cemegol : Kr
Grŵp VIII A Mae'r Nwyon Noble

Yn 1933 Linus Pauling herio y syniad bod y nwyon nobl yn gemegol anadweithiol . Mae bodolaeth y cyfansoddyn fe ragwelir o crypton a fflworin ei gadarnhau ym 1966 . Krypton yn diarogl blas nwy yn gyfan gwbl ddiniwed ,, di-liw . Mae ei brif ddefnydd mewn goleuadau ' neon ' sy'n rhan o'r dirwedd fodern . Pan selio mewn tiwb gwydr ac yn cael eu rhyddhau trydanol , crypton yn cynhyrchu lliw fioled welw a ddefnyddir ar gyfer goleuadau rhedfa maes awyr ac ymagwedd . Krypton yn cael ei ddefnyddio gymysg gyda xenon yn dwysedd uchel . -gysylltiad byr bylbiau fflach ffotograffig neu oleuadau strôb hefyd .

rwbidiwm   ·
Rhif atomig : 37
Symbol cemegol : Rb
IA Grŵp Metelau Alcalïaidd

Rwbidiwm yn feddal iawn metel ariannaidd , adweithiol iawn sy'n llosgi yn ddigymell pan fydd yn agored i'r aer . Mae hefyd yn adweithio'n ffyrnig â d ˉ r gan roi allan llawer iawn o hydrogen sy'n byrstio yn syth i mewn i fflamau oherwydd y gwres a gynhyrchir gan yr adwaith. Rwbidiwm yn llawer rhy adweithiol i fodoli metel fel pur o ran natur ac ychydig mwynau dwyn rwbidiwm yn hysbys. Rwbidiwm Mae llawer o werth masnachol. Mae'r metel ei ddarganfod yn 1861 gan fferyllwyr Almaen Robert Bunsen a Gustav Kirchoff . Maent yn nodi iddo gan linellau sbectrol fel amhuredd ymysg llawer o fetelau alcalïaidd eu bod yn ymchwilio .

strontiwm
Rhif atomig : 38
Symbol cemegol : Sr
Grŵp IIA Mae'r alcalïaidd Metelau Ddaear

Ychydig o ddefnydd masnachol strontiwm wedi a'i gyfansoddion wedi dod o hyd dim ond cais cyfyngedig mewn diwydiant . Ers halwynau Strontiwm fel strontiwm carbonad allyrru lliw coch nodweddiadol pan fyddant yn llosgi , maent yn cael eu defnyddio mewn fflerau rhybuddio priffyrdd ac mewn tân gwyllt . Un o isotopau strontiwm , Sr -90 yn ymbelydrol drwy gynnyrch o ffrwydradau niwclear a gallant halogi ardaloedd mawr o amgylchedd drwy fallout o'r atmosffer . Gan fod strontiwm 90 yn cael ei gynhyrchu pryd bynnag wraniwm undergoes ymholltiad , rhaid i weithredwyr o adweithyddion niwclear yn gyson ar wyliadwrus i atal ei ryddhau yn ddamweiniol i mewn i'r amgylchedd.

Ytriwm
Rhif atomig : 39
Symbol cemegol : Y
Grŵp III B Elfen Pontio

Ytriwm i'w gael mewn symiau bach yng nghramen y ddaear ond y creigiau a ddygwyd yn ôl oddi wrth y Lleuad wedi cael cynnwys Ytriwm annisgwyl o uchel . Pan fydd eu tymheredd yn cael ei ostwng i ddim ond ychydig raddau uwch na sero absoliwt , mae bron pob metel yn dangos unrhyw wrthwynebiad trydanol o gwbl . Tymheredd isel iawn yn anymarferol , fodd bynnag. Yn 1987 , cyhoeddodd gwyddonwyr darganfod cyfansoddyn o Ytriwm , copr a bariwm ocsid a oedd yn tra-dargludol ar 93 gradd Kelvin . Cymysgeddau eraill yr elfen hon yn cael eu harchwilio ac mae gobaith y byddai un ohonynt yn troi allan i fod yn dra-dargludyddion dymheredd uchel ymarferol.

ZIRCONIUM
Rhif atomig : 40
Symbol cemegol : ZR
Grŵp IV B Elfen Pontio

Sirconiwm yn metel cryf , gwydn . Mae ei gallu i wrthsefyll tymheredd uchel yn ei gwneud yn gynhwysyn delfrydol ar gyfer deunyddiau gwrthiannol gwres yn y llong ofod . Mae'r cyfansoddyn mwyaf adnabyddus zirconium yw'r zircon metel. Mae wedi bod yn hysbys ers yr hen amser ac y cyfeirir ati yn y Beibl hyd yn oed . Wedi dod o hyd mewn amrywiaeth eang o liwiau , pan fydd y grisial yn cael ei dorri a'i sgleinio mae'n cael ei ystyried yn drysor lled werthfawr . Zircon Mae mynegai uchel iawn o plygiant . Oherwydd hyn, mae ei grisialau di-liw yn cael disgleirdeb anarferol ac yn cael eu defnyddio weithiau yn lle ar gyfer deiamwntiau .

NIOBIUM
Rhif atomig : 41
Symbol cemegol : DS
Grŵp VB Elfen Pontio

Mae'r niobium metel wedi bod yn bwysig yn hanes SUPERCONDUCTIVITY dymheredd uchel . Aloi sy'n cynnwys niobium a germaniwm y gallu i wrthsefyll cerrynt mawr yn caniatáu adeiladu magnetau tra-dargludol ar gyfer offerynnau megis magnetig niwclear sganwyr cyseiniant a ddefnyddir mewn meddygaeth diagnostig. Niobium cael ei ychwanegu at ddur at ddibenion arbennig . Ar dymheredd uchel y ffiniau rhwng y gronynnau bach sy'n gwneud i fyny dur di-staen yn gwanhau ac yn cyrydu yn haws na gweddill y dur . Mae ychwanegu niobium yn atal hyn rhag digwydd caniatáu dur i wrthsefyll tymheredd llawer uwch o dan bwysau eithafol .

MOLYBDENUM
Rhif atomig : 42
Symbol cemegol : Mb
Grŵp VI B Elfen Pontio

Molybdenwm yn metel ariannaidd caled. Dyddodion gweddol fawr o molybdenite yn cael eu gweld yn Colorado , Unol Daleithiau. Steel cynnwys molybdenwm yn addas iawn ar gyfer rhannau awyrennau a injan car. Mae'n gallu gwrthsefyll newidiadau tymheredd a gwasgedd sy'n digwydd yn gyson mewn peiriant . Am yr un rheswm mae'n cael ei ddefnyddio wrth gynhyrchu gynnau a chanonau . Un o'r isotopau ymbelydrol , molybdenwm - 99 yn cael ei ddefnyddio mewn ysbytai i gynhyrchu technetiwm - 99 sy'n ddefnyddiol iawn ar gyfer tynnu lluniau o organau mewnol ar ôl cael eu cymryd yn fewnol .

technetiwm
Rhif atomig : 43
Symbol cemegol : Tc
Grŵp VII B Elfen Pontio

Technetiwm oedd yr elfen cyntaf i gael ei gynhyrchu mewn labordy o un arall element.Logically mae'n cymryd ei enw o'r teknetos Groegaidd sy'n golygu artiffisial. Mae pob isotop ymbelydrol ac yn pydru i ffurfio un o isotopau elfen wahanol . Heddiw adweithyddion niwclear yn cynhyrchu un o'r isotopau mwyaf defnyddiol o technetium , technetium - 99m . Pan fydd yn chwistrellu i mewn i'r gwythiennau claf , bydd y isotop canolbwyntio mewn rhai organau'r corff a bydd ei ymbelydredd amlygu plât ffotograffig ddatgelu sut organau hynny yn gweithredu .

ruthenium
Rhif atomig : 44
Symbol cemegol : Ru
Grŵp VIII B Elfen Pontio

Rwtheniwm yn elfen prin sydd fel arfer yn cael ei adfer fel sgil gynnyrch i goethi mwynau platinwm . Ruthenium yn bennaf yn cael ei ddefnyddio fel catalydd ar gyfer prosesau diwydiannol. Mae wedi cael ei ddefnyddio fel catalydd wrth gael nwy hydrogen yn uniongyrchol hollti moleciwlau dŵr yn hytrach na chan electrolysis.Rutheniumis ddefnyddio hefyd yn y busnes gemwaith fel ychwanegyn caledu i blatinwm ac yn aml yn ychwanegu at titaniwm i wella ei gallu i wrthsefyll cyrydu . Aloion eraill o ruthenium yn cael eu defnyddio ym mhwyntiau pen ffynnon a chysylltiadau trydanol arbennig.

rhodium
Rhif atomig : 45
Symbol cemegol : Rh
Grŵp VIII B Elfen Pontio

Rhodiwm yn metel ariannaidd prin , hynod o galed llwyd . Darganfuwyd gan William Wollaston yn 1803 . Enwodd ar ôl y rhodon gair Groeg am rhosyn oherwydd bod llawer o'r halwynau cael lliw rhosyn . Mae'n cael ei ddefnyddio yn y convertors catalytig o geir . Mae'r nwyon llosg yn ffynhonnell bwysig o lygredd atmosfferig . Mae'r trawsnewidydd catalytig yn cael ei lenwi gyda gleiniau catalytig bach sy'n cynnwys platinwm , Palladium a Rhodiwm sy'n trosi nwyon llosg poeth sy'n pasio trwyddynt i mewn i gynnyrch diniwed .

Palladium
Rhif atomig : 46
Symbol cemegol : Pd
Grŵp VIII B Elfen Pontio

Palladium yn metel gwyn ariannaidd meddal sy'n debyg platinwm . Mae'n hynod hydrin a hydwyth . Defnydd diddorol o Palladium i'r amlwg pan oedd yn benderfynol serendipitously ei fod yn ddefnyddiol wrth drin canserau drwy atal cellraniad ac yn gymharol rhad ac am sgîl-effeithiau. Gyda hanner oes o ddim ond 17 diwrnod , gall y isotop palladium103 cyflwyno dosau pwerus o ymbelydredd i ddinistrio canser ac yna diflannu ar ôl ychydig yn fwy na mis .

SILVER
Rhif atomig : 47
Symbol cemegol : Ag
Grŵp IB Elfen Pontio (Arian bath metel)

Arian yw un o'r ychydig metelau a geir mewn cyflwr am ddim yn natur ac mae ei symbol Ag yn dod o Argentum gair Lladin sy'n golygu arian . Mae wedi bod yn metel darnau arian ers y cyfnod Beiblaidd efallai hyd yn oed yn gynt . O'r holl metelau , arian yw'r arweinydd gorau'r gwres a thrydan . Nid yw'n cael ei ddefnyddio fel arfer mewn gwifrau cartref oherwydd y gost ond a ddefnyddir yn helaeth yn y gweithgynhyrchu offer electronig o ansawdd uchel.

CHADMIWM
Rhif atomig : 48
Symbol cemegol : Cd

Grwp II B Elfen Pontio

Cadmiwm yn bresennol mewn symiau mawr o'r fath o fwynau sinc fod yn cael ei ystyried yn gyffredinol sgil gynnyrch puro sinc . Mae'r defnydd mawr o'r metel yn electroplatio o ddur i'w atal rhag cyrydu . Mae'n cael ei ddefnyddio yn llai aml na sinc oherwydd ei fod yn llai niferus ac mae ganddo duedd i achosi problemau iechyd. Mae gallu cadmiwm i amsugno niwtronau yn bwysig iawn wrth ddylunio rhodenni rheoli adweithydd niwclear . Cadmiwm hefyd yn cael ei ddefnyddio fel pigment coch a melyn i wneud paent .

Indiwm
Rhif atomig : 49
Symbol cemegol : Yn
Metelau trosiannol Grŵp III A Post

Indiwm yn metel gwyn glas prin ddigon meddal i adael olion ei hun pan rhwbio egnïol yn erbyn metelau eraill . Mae gan Indiwm pur ychydig o geisiadau masnachol ac mae'n cael ei ddefnyddio yn bennaf fel aloi gyda metelau eraill. Aloion o Indiwm ac arian a Indiwm a phlwm yn well ddargludyddion nag arian neu arwain ei ben ei hun . Maent hefyd wedi dod o hyd i ddefnyddiau mewn cynhyrchu o transistorau a chelloedd llun . Foils Indiwm yn aml yn cael eu mewnosod yn adweithyddion niwclear i reoli'r adwaith niwclear . Mae'r gyfradd y mae foils hyn yn dod yn ymbelydrol yn gwasanaethu fel mesur gwerthfawr o adweithiau sy'n digwydd .

TIN
Rhif atomig : 50
Symbol cemegol : Sn
Grŵp IV A Post Metal Pontio

Roedd Tin ymhlith y metelau cyntaf a ddefnyddiwyd gan fodau dynol. Efydd , aloi o gopr a thun yn cael ei ddefnyddio yn yr Aifft mwy na 5000 o flynyddoedd yn ôl . Heddiw mae'n cael ei ddefnyddio yn bennaf fel asiant alloying ac i wneud plât tun sy'n dalennau dur gorchuddio gyda haenen denau o dun . Gan fod tun yn amddiffyn dur o asidau bwyd , plât tun yn cael ei ddefnyddio i wneud caniau tun am fwyd , ond bellach wedi cael ei ddisodli i raddau helaeth gan phlastig ac alwminiwm . Mae'n un o'r metelau mwyaf hydrin hysbys.

ANTIMONY
Rhif atomig : 51
Symbol cemegol : SB
Grŵp VA Metalloid

Antimoni yn galed , brau , crisialog , grayish , solet. Er mai'r enw fel metel , ei fod yn arweinydd wael iawn o drydan. Y mwyn sy'n gwasanaethu fel y brif ffynhonnell yw stibnite mwynau. Cyfansoddyn du , fe'i defnyddiwyd yn yr hen amser i tywyllu aeliau menywod. Mae defnydd mawr i'r antimoni yn cyd-fynd diogelwch cyffredin . Mae pennaeth y matsien yn cynnwys cymysgedd o trisulfide antimoni a ocsidydd fel clorad potasiwm . Mae Antimoni ychydig defnyddiau masnachol eraill . Fel aloi gall gynyddu'r caledwch llawer o fetelau .

Tellurium
Rhif atomig : 52
Symbol cemegol : Te
Grŵp VI A Metalloid

Tellurium yn metalloid ariannaidd - gwyn prin. Yn wahanol metelau nodweddiadol , mae'n frau ac mae arweinydd gwael o drydan. Tellurium yw un o'r ychydig elfennau sy'n cyfuno ag aur . Mae'r cyfansoddion yn cael eu galw ei ffurflenni tellurides aur ac maent yn gwneud i fyny yn rhan bwysig iawn o fwynau dwyn aur . Yn aml Tellurium ei adennill fel sgil gynnyrch yn mireinio o aur a hefyd copr . Mae'r prif ddefnydd o Tellurium fel ychwanegyn i fetelau megis copr a dur di-staen i greu aloi sy'n haws i beiriant na'r metel gwreiddiol.

ïodin
Rhif atomig : 53
Symbol cemegol : Yr wyf yn
Grŵp VIIA Mae'r Halogenau

Ïodin yn fioled solet du a geir mewn gwymon , ffynhonnau heli ac yn y môr . Er ei fod yn wenwyn , un o'i ddefnyddiau mwyaf cyffredin yw fel ateb trwyth o ïodin antiseptig . Halwynau ïodin cael eu hychwanegu at halen bwrdd a bwyd anifeiliaid. Mae hyn yn cael ei wneud fel ïodin yn cyfansoddol bwysig o'r hormon thyrocsin secretu gan y chwarennau thyroid ac yn helpu i sicrhau bod y swyddogaethau chwarren briodol. Ïodid arian y gallu i ffurfio nifer enfawr o grisialau - cynifer ag un miliwn o biliwn o un gram - sy'n gweithredu fel niwclysau ar gyfer ffurfio raindrop .

Xenon
Rhif atomig ; 54
Symbol cemegol : Xe
Grŵp VIII A Mae'r Nwyon Noble

Xenon yn bodoli mewn awyrgylch mewn symiau olrhain yn unig. Fel y nwyon nobl eraill y mae'n bodoli fel moleciwl monoatomic sydd heb arogl lliw neu blas. Ym 1962 , Neil Bartlett gwneud y fferyllydd Saesneg y cyfansoddyn nwy nobl gyntaf. Mae'n cyfuno senon a hecsafflworid platinwm a llawer at ei syndod a gafwyd cyfansoddyn solet , melyn - oren a oedd yn cynnwys moleciwlau o senon , platinim a fflworin . Hyd yn senon a crypton yw'r unig nwyon nobl yn hysbys i ffurfio cyfansoddion . Fel nwyon nobl eraill , xenon cael ei ddefnyddio mewn tiwbiau rhyddhau trydanol i gynhyrchu golau .

Cesiwm
Rhif atomig : 55
Symbol cemegol : Cs
IA Grŵp Metelau Alcaliaidd

Caesiwm pur yn y metel mwyaf meddal hysbys . Mae ei adweithedd eithafol wedi ei gwneud yn ddefnyddiol o ran cael gwared nwyon digroeso o systemau gwactod , er enghraifft y tu mewn tiwb teledu . Mae'r isotop caesiwm - 133 yn gwasanaethu fel mesur swyddogol y byd o amser. Mae'r ail yn cael ei fesur o ran y pelydriad sy'n cael ei allyrru gan cesiwm 133 atom pan gaiff ei gyffroi gan ffynhonnell ynni allanol yn hytrach nag o ran cylchdro y ddaear o gwmpas yr haul fel yr arferai fod. Mae'r ail yn cael ei ddisgrifio fel yr amser a aeth heibio yn union 9192531770 dirgryniadau y pelydriad sy'n cael ei allyrru gan caesuim - 133 atom .

BARIUM
Rhif atomig : 56
Symbol cemegol : Ba
Grŵp IIA Mae'r alcaliaidd Metelau Ddaear

Ar ffurf halen hydawdd , bariwm yn eithaf gwenwynig . Ar y llaw arall mewn ffurfiau anhydawdd mae'n ddiniwed i'r corff dynol. Radiolegwyr yn defnyddio sylffad bariwm i archwilio llwybr berfeddol claf gyda Xrays.Barium sulfate mae hefyd nifer o ddefnyddiau eraill yn seiliedig ar ei hydoddedd isel mewn dŵr a lliw gwyn . Mae'n cael ei ddefnyddio fel whitener ar blatiau ffotograffig ac fel llenwad yn y papur , plastigau a ffibrau artiffisial ysgrifennu. Mae metel bariwm ychydig o geisiadau masnachol oherwydd ei barodrwydd i adweithio ag ocsigen a lleithder .

Lanthanum
Rhif atomig : 57
Symbol cemegol : La
Grŵp III B Prin Earth Elfen (Lanthanides)

Lanthanum yw'r cyntaf y gyfres elfen daear prin . Mae'n gyffredin i ddod o hyd llawer o elfennau prin cymysg gyda'i gilydd mewn mwynau sengl. Mae'n debyg mai'r defnydd mwyaf pwysig o gyfansoddion lanthanide yn ffugio yr electrodau ar gyfer y lampau arc carbon dwysedd uchel a ddefnyddir mewn chwiloleuadau , goleuadau stiwdio a thaflunyddion llun gynnig . Lanthanum ac mae ei isotopau i'w cael yn y darnau sy'n cael eu cynhyrchu pan wraniwm fissions . Roedd y darganfyddiad o isotopau Lanthanum yn ogystal â'r rheini o bariwm gan fferyllydd Almaeneg Otto Hahn yn y pen draw yn arwain at y syniad o ymholltiad niwclear.

Ceriwm
Rhif atomig : 58
Symbol cemegol : Ce
Grŵp III B Prin Earth Elfennau (Lanthanides)

Ceriwm ei enwi ar ôl y asteroid Ceres ei darganfod ym 1801 yn achosi cyffro mawr yn y byd gwyddonol . Nid yw'r ffurflen metelaidd pur Ceriwm ei baratoi tan 1875. Mae'n metel llwyd haearn sydd yn eithaf hydrin a hydwyth . Cyfansoddion Ceriwm fel y rhai o Lanthanum yn cael eu defnyddio yn fasnachol i ffurfio electrodau o'r lampau arc carbon dwysedd uchel . Fel Ceriwm ocsid yn cael ei ddefnyddio fel ychwanegyn ar y waliau o ffyrnau hunan - glanhau lle mae'n ymddangos i atal y buildup o goginio gweddillion .

Praseodymiwm
Rhif atomig : 59
Symbol cemegol : Pr
Grŵp III B Prin Earth Elfennau (Lanthanides)

Darganfuwyd gan Carl Auer von Welsbach , mae barwn Awstria a oedd â diddordeb mewn mwynoleg . Mae'r metel pur yn cael ei hynysu oddi wrth ei fwynau gan dechneg cyfnewid ïonau . Mae proses cyfnewid yn cael ei ddefnyddio i ynysu un math o ion drwy roi 'i ag un arall . Mewn un broses o'r fath y cynhwysyn gweithredol yn resin sy'n cynnwys moleciwlau mawr sydd â strwythur netlike . Mae'r resin cynnwys ïonau symudol sy'n gysylltiedig llac at y rhwyd . Pan fydd hydoddiant sy'n cynnwys ïonau eraill yn cael ei basio drwy'r resin , yn cymryd lle'r ïonau symudol sydd wedyn yn tryledu allan o'r rhwyd .

Neodymiwm
Rhif atomig : 60
Symbol cemegol : Nd
Grŵp III A Ddaear Elfennau Prin (Lanthanides)

Mae'n sylwedd magnetig a ddefnyddir i greu rhai o'r magnetau mwyaf pwerus yn y byd . Mae'r supermagnets cael eu hadnabod fel magnetau NIB gan eu bod yn cynnwys haearn a boron wrth well.They mor gryf bod dau magnetau bach gyda y wasg ar y naill ochr o un llaw heb syrthio . Mae magnet Nd gyda modfedd yn unig diamedr hanner yn ddigon cryf i ymateb i ddeunyddiau magnetig mewn inc argraffu a ddefnyddir mewn arian papur a gellir eu defnyddio i ganfod ffug . Mae hefyd yn cael ei ddefnyddio mewn lliw rhosyn gwydrau !

Promethiwm:
Rhif atomig : 61

Symbol cemegol : Pm
Grŵp III B Prin Earth Elfennau (Lanthanides)

Unrhyw olion o Promethiwm wedi cael ei ddarganfod ar gramen y Ddaear , ond mae wedi cael ei nodi yn y sbectrwm o nifer o sêr yn y Andromeda Galaxy . Mae'n elfen brin synthetig a wnaed yn y chyflymwyr niwclear ac adweithyddion niwclear . Pan neodymiwm yn destun ymbelydredd niwtron dwys bresennol mewn adweithydd , mae'n cael ei drawsnewid i mewn i Promethiwm . 28 isotop o'r elfen hyd yn hyn wedi'u syntheseiddio holl ymbelydrol lles. Ychydig iawn a wyddys am y priodweddau cemegol a ffisegol Promethiwm pur .

Samarium
Rhif atomig : 62
Symbol cemegol ; sm
Grŵp III B Prin Earth Elfen (Lanthanides)

Y prif mwynau o Samarium yn Bastnasite a monazite . Mwynau Monazite aml yn cynnwys cymaint â 50 % o'u pwysau mewn ddaear prin i'w cael mewn tywod afon yn India a Brasil ac yn y traeth Florida sand.In ei ffurf pur Samarium Mae llewyrch ariannaidd - gwyn ac yn eithaf gwrthsefyll ocsideiddio . Fodd bynnag, bydd y metel yn ddigymell cynnau ar dymheredd isel . Mae rhai cyfansoddion yr elfen hon yn cael eu defnyddio i fabricate magnetau parhaol. Samarium ocsid yn absorber ardderchog o ymbelydredd is - goch ac yn cael ei ychwanegu at y diben hwn i wahanol fathau o wydr a ffosfforws sensitif is-goch .

Ewropiwm
Rhif atomig : 63
Symbol cemegol ; UE
Grŵp III B Prin Earth Elfen (Lanthanides)

Ewropiwm yn un o rai prinaf y metelau daear prin . Yn 1901 fferyllydd Ffrangeg Eugene - Anatole Demarcay yn olaf ynysig amhuredd mewn sampl Samarium - Gadoliniwm oedd yn astudio ac yn nodi'r amhuredd fel elfen newydd . Ewropiwm pur yn weddol feddal ac yn ariannaidd gwyn. Mae'n eithaf hydwyth ac yn un o'r rhai mwyaf adweithiol y metelau daear prin . Ewropiwm ocsid yn cael ei ddefnyddio'n deg eang fel ychwanegyn i wella effeithlonrwydd ffosffor coch ym myd teledu a monitorau cyfrifiaduron . Mae hefyd yn cael ei ddefnyddio i gynyddu effeithlonrwydd ynni lampau fflworoleuol.

Gadoliniwm
Rhif atomig : 64
Symbol cemegol : Gd
Grŵp IIIA Prin Earth Elfen (Lanthanides)

Ddau isotop o Gadoliniwm ymhlith y amsugno mwyaf grymus o niwtronau . Er bod eu terfynau prinder defnyddio, maent yn cael eu defnyddio wrth wneud rhodenni rheoli ar gyfer adweithyddion niwclear. Mae'n ystyr ferromagnetic fod yn cael ei ddenu yn fawr iawn gan fagnetau . Fodd bynnag, ei bwynt Curie , ar ba dymheredd deunydd magnetig yn colli ei magnetedd yw tua dymheredd ystafell. Mae wedi cael ei brofi o werth mewn techneg holi y tu metelau a elwir yn radiograffeg niwtron . Mae'n cael ei ddefnyddio yn y diwydiannau awyrennau ac adeiladu llong i chwilio am ddiffygion cudd a gwendidau strwythurol yn gyrff a fuselages .

Terbiwm:
Rhif atomig : 65
Symbol cemegol : TB
Grŵp III B Prin Earth Elfen (Lanthanides)

Mewn ffurflen metelaidd pur , Terbiwm: yn ariannaidd - gwyn, hydrin , hydwyth ac yn ddigon meddal i gael ei dorri gyda chyllell . Mae'n dwyn yn debyg i arwain , ond mae'n llawer trymach . Fel plwm mae'n weddol gwrthsefyll cyrydu . Cyfansoddion Terbiwm: ddefnyddiau founds mewn laserau arbennig ac fel phosphors sy'n cynhyrchu'r lliw gwyrdd mewn tiwbiau teledu a monitorau cyfrifiaduron . Ceisiadau eraill yn cynnwys cynhyrchu aloion gydag eiddo magnetig arbennig ar gyfer defnyddio mewn cryno ddisgiau ac yn y gwneuthuriad o diffiniad uchel sgriniau pelydr - X .

Dysprosiwm
Rhif atomig : 66
Symbol cemegol : Dy
Grŵp III B Prin Earth Elfen (Lanthanides)

Dysprosiwm rhengoedd ninth yn helaeth ymhlith yr elfennau ddaear prin yng nghramen y Ddaear. Cafodd ei ddarganfod yn 1886 gan fferyllydd Ffrengig Paul Emile Lecoq - de Boisbaudran mewn sampl o Erbiwm ocsid . Mae'n seilio ei enw ar y dysprositos gair Groeg sy'n golygu galed i gyrraedd . Nid Dysprosiwm pur oedd ar gael tan 1950 pan oedd technegau cemegol modern megis cyfnewid ïonau gwahanu eu datblygu . Dysprosiwm debyg y rhan fwyaf o'r metelau daear prin eraill. Mae'n ddigon meddal i gael ei dorri gyda chyllell , Mae lliw ariannaidd sgleiniog ac yn gymharol sefydlog yn yr aer .

Holmiwm
Rhif atomig : 67
Symbol cemegol : Ho
Grŵp III B Prin Earth Elfen (Lanthanides)

Ym 1878 , dau gwyddonwyr Swistir sylwi llinellau sbectrol Holmiwm yn nodweddiadol , ond ni allai eu hadnabod . Maent yn galw y ffynhonnell anhysbys o'r llinellau sbectrol elfen X. Yn fuan wedyn yn 1879 fferyllydd Swedeg Per Teodor Cleve hynysu ac yn nodi'r elfen wrth weithio gyda mwynau a elwir yn erbia . Holmiwm metelaidd pur nad oedd ar gael tan yn weddol ddiweddar, mae lliw llachar ariannaidd . Mae'n weddol gwrthsefyll cyrydu mewn aer sych ond tarnishes gyflym mewn aer llaith ffurfio ocsid melyn . Heblaw ei ddefnyddio fel lliw ar gyfer gwydr, mae ganddo ychydig o geisiadau masnachol.

Erbiwm:
Rhif atomig : 68
Symbol cemegol : Er
Grŵp III B Prin Earth Elfen

Roedd Erbiwm: Darganfuwyd gan Carl Gustaf Mosander mewn ocsid melyn ei fod hynysu oddi wrth y yttria mwynau . Enwir Mosander yr elfen ar gyfer y pentref Sweden Ytterby safle crynodiadau mawr o yttria a Erbiwm . Y prif ffynonellau Erbiwm yw'r xenotime mwynau a euxerite . Erbiwm yn ogystal ag elfennau ddaear prin eraill mewn gwirionedd yn amhuredd yn y mwynau hyn. Roedd y ceisiadau masnachol Erbiwm braidd yn gyfyngedig . Mae ei ocsidau yn aml yn cael eu hychwanegu at gwydreddau gwydr a enamel i liwio eu binc . Mae'r gwydr yn cael ei ddefnyddio yn aml ar gyfer sbectol haul a jewelry rhad .

Thuliwm:
Rhif atomig : 69
Symbol cemegol : TM
Grŵp IIIB Prin Earth Elfen (Lanthanides)

Thuliwm: yn elfen daear prin sy'n hynod brin. Mae'n digwydd mewn symiau bach iawn yng nghwmni ddaear prin eraill. Mae'r fferyllydd Sweden Per Teodor Cleve darganfod yr elfen yn 1879 a enwir ar gyfer Thule , yr enw hynafol i Sgandinafia . Y brif ffynhonnell o Thuliwm: yw'r monazite mwynau sy'n cynnwys tua 7/1000 o 1 % Thuliwm: . Mae ganddo ychydig o geisiadau masnachol ar wahân rhag cael ei ddefnyddio mewn laserau . Mae'n ddrud , ond ychydig iawn o'r metel ar gael ar gyfer arbrofi .

YTTERBIUM
Rhif atomig : 70
Symbol cemegol : YB
Grŵp III B Prin Earth Elfen (Lanthanides)

Ytterbium , yr elfen prin cyntaf i gael ei darganfod yn cael ei gweld yn digonedd cymedrol yng nghramen y Ddaear a phob amser yn nghwmni ddaear prin . Cafodd ei ddarganfod gan y fferyllydd Ffrengig Jean de Marignac yn 1878 fel rhan o'r mwynau a elwir yn erbia a enwir ar gyfer y pentref Sweden Ytterby ar y sail ei crynodiadau uchel o Erbiwm . Nid yw metel ytterbium pur ar gael ar gyfer astudio tan 1953. Mae ei cymwysiadau masnachol fel asiant alloying gyda dur di-staen. Mae rhai aloion hefyd wedi cael eu defnyddio mewn deintyddiaeth .

Lwtetiwm
Rhif atomig : 71
Symbol cemegol : Lu
Grŵp III B Prin Earth Elfen (Lanthanides)

Er ei fod byth yn cyhoeddi'n ffurfiol ei ganlyniadau , yr Unol Daleithiau fferyllydd Charles James bellach yn cael ei ystyried i wedi darganfod Lwtetiwm yn 1907 . Gwaith yn ystod y 1900au cynnar ym Mhrifysgol New Hampshire , daeth James yn rym mawr yn y cynhyrchu o elfennau daear prin . Byddai ef a'i fyfyrwyr prosesu tunnell o fwyn a llafur drwy crystallizations i gynhyrchu sampl sengl. Lwtetiwm metel pur yn anodd ac yn ddrud i'w baratoi. Dyma'r elfen ddaear prin trymaf galetaf a . Dim ceisiadau masnachol wedi cael eu datblygu .

Haffniwm:
Rhif atomig : 72
Symbol cemegol : HF
Grŵp IV B Elfen Pontio

Eiddo Haffniwm: yn ogystal â'i hanes yn cael eu clymu agos â Sirconiwm . Mae llawer wedi darogan bodolaeth elfen 72 ond mae'r hollbresenoldeb ei efaill cemegol ymyrryd â'i adnabod. Y prif ddefnydd o Haffniwm: yn seiliedig ar un o'i ychydig o wahaniaethau o Sirconiwm . Ei allu i amsugno niwtronau thermol yn ei gwneud yn ddeunydd defnyddiol ar gyfer rhodenni rheoli adweithydd . Y prif fanteision Haffniwm: o'i gymharu â deunyddiau gwialen arall yw ei chryfder a gwrthwynebiad i cyrydiad . Yn anffodus, mewn adweithydd eithaf mawr y gall y gost o rhodenni Haffniwm: fod yn $ 1,000,000 neu fwy.

TANTALUM
Rhif atomig : 73
Symbol cemegol : Ta
Grŵp VB Elfen Pontio

Tantalum yn metel eithriadol o galed a thrwm iawn. Mae ei inertness cemegol yn gwneud tantalum hynod gwrthsefyll ymosodiad gan sylweddau yn y corff dynol. Mae hyn wedi arwain at lu o geisiadau mewn llawdriniaeth ddeintyddol a meddygol . Tantalum fel asiant alloying yn cyfrannu gwrthsefyll cyrydu , hydwythedd , caledwch a ymdoddbwynt uchel i amrywiaeth o fetelau eraill. Eto defnydd mawr arall o tantalum yn y gwaith o adeiladu cynwysorau electrolytig bach ond pwerus. Mae'r cynwysorau yn arbennig ddefnyddiol yn y cylched electronig miniatur sy'n gorwedd wrth wraidd o ddyfeisiau fel ffonau cellog a chyfrifiaduron .

TUNGSTEN
Rhif atomig : 74
Symbol cemegol : W
Grŵp VIB Elfen Pontio

Un o'r defnyddiau mwyaf pwysig o twngsten yn y cynhyrchu ffilamentau ar gyfer y bwlb golau cyffredin. Twngsten Mae ymdoddbwynt uchaf -3410 gradd C a phwynt berwi uchaf 5900 graddau C - o unrhyw fetel . Y ceisiadau tymheredd uchel o ystod twngsten o elfennau gwresogi yn gwresogyddion trydan i'r nozzles ar y moduron roced o gerbydau gofod. Trydan sy'n llifo trwy wifren torchog o twngsten yn cynhyrchu digon o wres i wneud y wifren boeth gwyn. Er mwyn atal y metel rhag gorboethi nwyon anadweithiol fel nitrogen a argon wedi eu hamgáu yn y bwlb cynnwys ffilament twngsten .

Rheniwm
Rhif atomig : 75
Symbol cemegol : Re
Grŵp VIIB Elfen Pontio

Rheniwm un o rai prinaf o elfennau a ddarganfuwyd yn mwynau platinwm gan fferyllwyr Almaen Ida Tacke , Walter Nodack a Otto Carl Berg yn 1925 . Mae'n metel hynod trwchus gyda llewyrch llwyd ariannaidd a bwynt toddi rhagori yn unig gan twngsten a charbon . Mae hyn yn sail ar gyfer defnydd Rheniwm mewn cyfuniad â twngsten i wneud thermocyplau ar gyfer mesur tymheredd mor uchel â 2,000 gradd C. Rheniwm yn cael ei ddefnyddio yn bennaf fel asiant alloying am ffugio metelau sy'n gwrthsefyll i wisgo fel y rhai sy'n ofynnol ar gyfer cysylltiadau switsh trydan a electrodau .

Osmiwm:
Rhif atomig : 76
Symbol cemegol : NO
Grŵp VIIIB Elfen Pontio

Oherwydd bod y metel pur yn anodd i'w wneud, Osmiwm yn aml ffug fel powdwr sydd wedyn yn cael ei ffurfio i mewn i màs solet trwy wresogi . Mae'r powdr oxidizes mewn aer ac sy'n dod yn araf fel arogli nwy gwenwynig cryf sy'n gallu achosi niwed i'r ysgyfaint a'r croen. Mae allyriadau o'i nwy ocsid gwenwynig yn gwneud y defnydd o fetel Osmiwm: anymarferol . Fel ychwanegyn alloying fodd bynnag, mae'n eithaf diogel ac yn cael ei ddefnyddio yn bennaf i wneud aloion caled gyda metelau megis blatinwm a iridium . Mae'r aloion yn cael eu defnyddio ar gyfer cysylltiadau switsh trydan , nodwyddau ffonograff ac awgrymiadau pen ffynnon .

Iridium

Rhif atomig : 77
Symbol cemegol : Ir
Grŵp VIII B Elfen Pontio

Iridium yn metel gwerthfawr gwyn melynaidd brau. Fe'i ceir yn gyffredinol mewn mwynau sy'n cynnwys platinwm neu nicel . Ei wahaniaethu o fwynau hyn yn dasg lafurus a chostus sy'n cael ei gyfiawnhau yn unig gan adfer y pryd o blatinwm a nicel . Mae'r prif gymhwyso iridium fel ychwanegyn i blatinwm greu aloion sy'n cynyddu caledwch y metel olaf. Ymwrthedd Iridium i cyrydu yn ei gwneud yn hefyd yn ddefnyddiol yn y fabrication o eitemau sydd angen purdeb absoliwt fel nodwyddau hypodermig a pheiriannau roced .

PLATINUM
Rhif atomig : 78
Symbol cemegol : Pt
Grŵp VIII B Elfen Pontio (Metal Precious)

Mae llawer o ffyrdd o ddefnyddio platinwm fanteisio ar ei sefydlogrwydd cemegol a inertness . Mae'n cael ei ddefnyddio yn puro petroliwm , deintyddiaeth , mae'r diwydiant cerameg , y diwydiannau trydanol ac electronig , ac yn cael ei werthfawr iawn wrth wneud gemwaith. Platinwm hefyd yn ddefnyddiol i'r diwydiant Automobile . Mae'n cynorthwyo adweithiau cemegol sy'n glanhau i fyny gwacáu yn dod o beiriannau o geir , trosi carbon monocsid a thanwydd unburned i mewn i ddŵr a charbon deuocsid . Yn ogystal bar o aloi iridium - blatinwm yn gwasanaethu fel y safon byd ar gyfer y cilogram , yr uned sylfaenol ar gyfer màs yn y system fetrig .

GOLD
Rhif atomig : 79
Symbol cemegol : Au
Grŵp IB Elfen Pontio (Metal Precious)

Aur yn masnachu mewn cyfnewid nwyddau a'r amrywiadau yn ei bris yn cael eu hystyried fel mynegai o iechyd yr economi . Dyma'r hydwyth mwyaf a hydrin o bob metelau. Oherwydd ei fod hefyd yn un o'r rhai mwyaf anadweithiol , gall gynnal ei llewyrch wych. Yn natur aur fel arfer yn dod o hyd fel metel pur , yn aml fel nuggets neu haenau . Mae ei phurdeb yn cael ei fesur fel carats . Dywedir aur pur i fod yn 24 - carat aur . Oherwydd ei fod yn feddal iawn , fodd bynnag , mae'r rhan fwyaf jewelry aur yn cael ei wneud o 18 carat aur .

MERCURY
Rhif atomig : 80
Symbol cemegol : Hg
Grwp II B Elfen Pontio

Mercury yw'r unig fetel sy'n hylif ar dymheredd ystafell ac yn parhau i fod hylif dros ystod eang a chyfleus iawn o dymheredd . Mae rhai cynhyrchion cartref cyffredin sy'n cynnwys mercwri yn thermomedrau , baromedrau , thermostatau , switshis wal tawel a bylbiau ffluorolau . Cymwysiadau diwydiannol o fercwri yn cynnwys pympiau tryllediad a lampau anwedd mercwri sy'n cynhyrchu'r goleuadau gwyn glas o oleuadau stryd. Eiddo defnyddiol arall o fercwri yw ei allu i ddiddymu metelau eraill i ffurfio aloeon a elwir yn amalgams . Deintyddion yn aml yn defnyddio amalgam arian- mercwri i lenwi dannedd .

THALLIUM
Rhif atomig : 81
Symbol cemegol : Tl
Grŵp III A Metal Ôl - Pontio

Ffynhonnell gyffredin o Thaliwm yn sinc a mireinio arweiniol. Mae'r metel hydrin a thrwm yn eithaf actif ac yn cyrydu yn araf mewn aer . Thaliwm a'i gyfansoddion yn hynod wenwynig ac mae tystiolaeth y gall achosi canser. Hyd yn oed gysylltu â croen yn gallu bod yn beryglus , er mewn crynodiadau isel iawn Thaliwm wedi cael ei ddefnyddio wrth drin ringworms . Sulfate Thaliwm yn gwenwyn diarogl a di-flas a ddefnyddiwyd gynt i ladd llygod mawr a phryfed ond mae bellach wedi'i wahardd mewn nifer o wledydd .

ARWEINIOL
Rhif atomig : 82
Symbol cemegol : Pb
Grŵp IV A

Arweiniol yn metel hydrin iawn y gellir eu gweithio yn hawdd i wneud offer o bob math . Darnau arian Arweiniol a cherfluniau wedi cael eu darganfod mewn beddau Aifft yn dyddio'n ôl i 5000 CC . Mae'n cael ei ddefnyddio yn bennaf i wneud electrodau o fatris storio plwm . Arweiniol hefyd yn elfen bwysig o sodor ddefnydddir ar gyfer gwneud cysylltiadau trydanol ar y byrddau cylched mewn cyfrifiaduron a setiau teledu . Sgriniau gwydr setiau teledu cynnwys plwm i darian y gwyliwr rhag ymbelydredd . Yn wir pob set deledu yn cynnwys bron i hanner pwys o blwm.

Bismwth
Rhif atomig : 83
Symbol cemegol : Bi
Metal pontio Grŵp VA Post

Bismwth yn metel brau gwyn sydd â arlliw melynaidd bach . Mae'r cyfansoddyn bismwth subnitrate wedi cael ei ddefnyddio fel gwrthasid wrth drin wlserau . Bismwth ocsid yn pigment melyn poblogaidd a ddefnydddir mewn colur . Fel bismwth dŵr yn un o'r ychydig sylweddau sy'n ehangu pan fydd yn newid o hylif i solid . Eiddo hwn ei ddefnyddio i wneud aloion eu cyfaint yn aros yn gyson pan fyddant yn solidify . All Metelau alloyed â bismwth ei ddefnyddio ar gyfer castiau a mowldiau sy'n cadw eu union dimensiynau hyd yn oed pan llenwi â metelau tawdd .

poloniwm
Rhif atomig : 84
Symbol cemegol : Po
Grŵp VI A Metalloid

Mae darganfod poloniwm gan Marie Curie a Pierre yn 1898 yn diffinio un o'r adegau mawr yn hanes gwyddoniaeth yn arwain at y cysyniad modern y niwclews atomig a dealltwriaeth o'i strwythur. Mae poloniwm 27 isotopau hysbys ac mae pob un ohonynt yn ymbelydrol . Un sydd ar gael mwyaf hawdd yw Poloniwm 210, a metalloid ariannaidd sy'n eithaf cyfnewidiol a 100,000 gwaith yn fwy gwenwynig na cyanid . Mewn labordai radiolegol yn cael ei ddefnyddio yr isotop gymysgu â beryliwm powdr yn aml i gynhyrchu symiau mawr o niwtronau heb ddefnyddio adweithydd niwclear .

Astatin
Rhif atomig : 85
Symbol cemegol : Ar
Grŵp VII A Mae'r Halogenau

Meintiau bach o Astatin yn bodoli yn naturiol gan fod y cynnyrch pydredd o wraniwm a thoriwm . Cynhyrchwyd Astatin gyntaf yn 1940 gan dîm o radiochemists trwy beledu bismwth gyda gronynnau alffa . Dim ond tua 1 filiwn o gram o Astatin , mewn gwirionedd, ei gynhyrchu artiffisial ac felly nid yw'n syndod mai ychydig a wyddys am ei eiddo . Dylai ei cemeg fod yn weddol debyg i'r hyn o ïodin er bod rhywfaint o dystiolaeth y gall fod yn ychydig yn fwy metelaidd .

RADON
Rhif atomig : 86
Symbol cemegol : Rn
Grŵp VIII A Mae'r Nwyon Noble

Mae radon yn cael ei gynhyrchu fel un o'r cynhyrchion gan achosion o ddadfeiliad ymbelydrol wraniwm a thoriwm . Radon - 222 , ei isotop byw hiraf i'w gael mewn crynodiadau nwy sylweddol sa yn y pridd oherwydd bod symiau olrhain o wraniwm yn bresennol yng nghramen y Ddaear. Er ei bod yn tyfu, tybaco yn ddarostyngedig i halogiad gan radon o'r pridd a'r gwrtaith ffosffad cyfoethog wraniwm a ddefnyddir gan blanhigion. Pan fydd y tybaco mewn sigarét yn cael ei losgi , mae'r mwg fewnanadlu pynciau yr ysmygwr i lefelau o ymbelydredd 1000 gwaith yn uwch na'r rhai a wynebwyd gan weithiwr mewn gwaith pŵer niwclear .

Ffransiwm
Rhif atomig : 87
Symbol cemegol : Fr
Grŵp I A Yr Metelau Alcalïaidd

Ffransiwm yw'r trymaf y metelau alcalïaidd ac yn un o'r rhai mwyaf ansefydlog hysbys .
Mae ei holl isotopau yn ymbelydrol eto mae hyd yn oed yn ei hiraf isotop byw ffranciwm
- 223 hanner oes o ddim ond 21 munud . O'r ei 30 isotopau hysbys, dim ond ffranciwm
223 yn bodoli o ran eu natur . Mae pob un o'r isotopau eraill ffranciwm yn cael eu
cynhyrchu yn artiffisial mewn cyflymyddion a adweithyddion niwclear ac yn rhy
ansefydlog i'w hastudio mewn unrhyw ddyfnder . Yr elfen ei ddarganfod yn 1939 gan
Marguerite Perey sy'n gweithio yn y Sefydliad Curie ym Mharis . Mae'n cael ei henwi ar
gyfer y wlad y cafodd ei ddarganfod.

RADIUM
Rhif atomig : 88
Symbol cemegol : Ra
Grwp II A- Y alcalïaidd Metelau Ddaear

Radiwm Darganfuwyd gan Pierre Marie Curie a yn 1898 . Ar gyfer y darganfyddiad o
radiwm a polonium , Marie Curie dyfarnwyd y Wobr Nobel mewn cemeg . Yr oedd ei
hail ; ei bod wedi rhannu'r cyntaf gyda'i gŵr a Henri becquerel yn 1903 i ddarganfod o
ymbelydredd .
Mae metel radiwm pur lliw gwyn wych ac mor luminescent ei fod yn tywynnu yn y
tywyllwch gan roi oddi ar liw glas llewygu . Radiwm yn cael ei ddefnyddio mewn llawer o
gyfleusterau meddygol i gynhyrchu'r nwy radon ymbelydrol a ddefnyddir ar gyfer therapi
canser.

Actiniwm:
Rhif atomig : 89
Symbol cemegol : Ac
Grŵp III B Elfen Pontio (The Actinides)

Actiniwm yn elfen ymbelydrol a gynhyrchir yn naturiol gan ddadfeiliad ymbelydrol
elfennau radiwm a thoriwm byw yn hir . Symiau bach iawn o fod wedi ei gynhyrchu
artiffisial ac mae ganddo gais masnachol gyfyngedig iawn. Mae ei nodweddion cemegol
yn debyg i rai Lanthanum . Hefyd yn hoffi Lanthanum , hwn yw'r cyntaf mewn cyfres o
elfennau a elwir yn actinides sy'n cyfateb i lanthanides . Fel y ddaear prin , elfennau hyn
yn ychwanegu electronau i gragen orbitol mewnol ac o ganlyniad yn cael priodweddau
ffisegol a chemegol tebyg.

thoriwm
Rhif atomig : 90

Symbol cemegol : Th
Grŵp IIIB Elfen Pontio (The Actinides)

Thoriwm yn metel gwyn ariannaidd ymbelydrol y tarnishes araf iawn pan fydd yn agored i'r aer . Gall tywod Monazite rhai sydd i'w gael mewn traethau Florida yn cynnwys hyd at 10 % thoriwm . Er gwaethaf ei ymbelydredd , thoriwm a'i gyfansoddion yn cael nifer o geisiadau masnachol. Mae'n gwasanaethu fel allyrrydd effeithlon o electronau ar gyfer dyfeisiau electronig. Mae'r golau wych bod ei ocsid yn allyrru tra bod llosgi hefyd yn ei gwneud yn ddefnyddiol wrth ffugio rhai lampau nwy cludadwy. Thoriwm 232 , un o isotopau gyda hanner oes o 14 biliwn o flynyddoedd yn dangos addewid mawr o fod yn ffynhonnell o ynni niwclear yn y dyfodol .

Protactiniwm:
Rhif atomig : 91
Symbol cemegol : Pa
Grŵp III B Elfen Pontio (The Actinides)

Mae'n un o'r scarcest a mwyaf drud o'r holl elfennau sy'n bodoli yn naturiol . Dim ond ychydig gannoedd o gram ar gael ar gyfer astudio . Cynhyrchwyd yn bennaf Mae'r swm pitw yn Lloegr tua 30 mlynedd yn ôl lle cafodd ei echdynnu o 60 tunnell o fwyn ar gost o hanner miliwn o ddoleri . Nid oes llawer yn hysbys am ei briodweddau ffisegol a chemegol . Mae'n yn metel gwyn arian gyda llewyrch llachar ei fod yn colli yn araf iawn yn yr aer drwy ocsideiddio . Fe'i gelwir hefyd i fod yn wenwynig iawn.

URANIUM
Rhif atomig : 92
Symbol cemegol : U
Grŵp III B Elfen Pontio (The Actinides)

Wraniwm yw'r olaf a trymaf o'r elfennau sy'n digwydd yn naturiol . Darganfod yn 1841 , roedd yr elfen ymbelydrol cyntaf i gael eu nodi . Yn y 1930au hwyr trwy arbrofion gyda wraniwm gwyddonwyr Almaeneg Lise Meitner ac Otto Hahn arsylwi broses a chydnabod yn ddiweddarach i fod yn ymholltiad niwclear. Mae gallu'r niwtronau a ryddhawyd yn ystod y ymholltiad y niwclews wraniwm iddynt hwy eu hunain rhannu niwclysau wraniwm arall defnyddiwyd yn gyflym gan y gwyddonwyr i greu adwaith cadwyn hunangynhaliol . Pan reolir, yr adwaith hwn yn cynhyrchu ynni yr ydym yn eu cael o adweithyddion niwclear. Pan na ellir ei reoli gall greu ffrwydrad atomig .

Neptwniwm
Rhif atomig : 93
Symbol cemegol : Np
Grŵp III B Elfen Pontio (The Actinides)

Neptwniwm oedd yr elfen transuranium a gynhyrchir yn artiffisial cyntaf. Gweithio yn y cylchotron ym Mhrifysgol California yn Berkeley ym 1940 , ffisegwyr Unol Daleithiau Edwin McMillan a Philip Abelson a gynhyrchir Neptwniwm trwy beledu wraniwm gyda niwtronau . Mae'n hysbys bellach bod symiau olrhain o Neptwniwm d mewn gwirionedd yn bodoli mewn natur fel ganlyniad i weithredoedd y niwtronau yn yr elfen wraniwm . Ar hyn o bryd 18 o isotopau Neptwniwm wedi cael eu cynhyrchu pob un ohonynt radioactive.the mwyaf pwysig a'r cyntaf i gael ei gynhyrchu yn Neptwniwm 237 gyda hanner oes o 2.1 miliwn o flynyddoedd .

plwtoniwm
Rhif atomig : 94
Symbol cemegol : Pu
Grŵp III B Elfen Pontio (The Actinides)

Mae gan plwtoniwm 15 o isotopau hysbys, bydd pob un ohonynt ymbelydrol . Plwtoniwm 239 yw'r mwyaf pwysig am ei fod yn rhwydd fissions pan llethu gan niwtronau thermol . Fel wraniwm 235, y niwclysau atomau ei rhannu'n ddau gnewyllyn o faint canolradd (a elwir darnau ymholltiad) rhyddhau symiau mawr o ynni a chynhyrchu mwy o niwtronau i gynnal adwaith cadwyn . Cymysg gyda beryliwm powdr, mae'n ffynhonnell effeithiol o niwtronau ar gyfer gwaith gwyddonol . Gellir blwtoniwm yn cael ei gynhyrchu mewn symiau enfawr mewn adweithyddion niwclear. Ei helaethrwydd wedi ei gwneud yn y rhif un dewis i arfau niwclear .

Americiwm
Rhif atomig : 95
Symbol cemegol : Am
Grŵp III B Elfen Pontio (The Actinides)

Cafodd ei ddarganfod ym 1944 gan dîm o fferyllwyr o dan arweiniad tîm Glenn Seaborg.His cynhyrchu Americiwm - 241 , un o'r 14 o isotopau hysbys, bydd pob un ohonynt yn ymbelydrol . Americiwm 241 yn cael ei wneud mewn symiau mawr mewn adweithyddion niwclear. Pelydrau gama dwys mae'n ei allyrru yn ei gwneud yn ddefnyddiol iawn fel ffynhonnell cludadwy o belydrau-X . Mae hefyd yn cael ei ddefnyddio mewn synwyryddion mwg .

Curiwm:
Rhif atomig : 96
Symbol cemegol : Cm
Grŵp III B Elfen Pontio (The Actinides)

Curiwm: yn metel gwyn ariannaidd sy'n adweithiol iawn. Y cyntaf o'i 14 o isotopau hysbys i gael eu darganfod yn Curiwm: 242 . Curiwm: 242 a Curiwm: 244 wedi cael eu defnyddio fel ffynonellau o ynni mewn ardaloedd anghysbell . Gall y ymbelydredd isotopau hyn yn gollwng eu trosi i wres ac yna i drydan gan ddyfeisiau thermodrydanol . Er ei fod ganddo hanner oes gymharol fyr , mae'r allbwn pŵer Curiwm: 242 yn drawiadol hy tua dwy neu dair watt fesul gram . Mae'r unedau compact yn ddefnyddiol ar gyfer rheolyddion calon , bwiau mordwyo anghysbell a theithiau gofod.

BERKELIUM
Rhif atomig : 97
Symbol cemegol : Bk
Grŵp III B Elfen Pontio (The Actinides)

Fe'i darganfuwyd yn UC Berkeley yn 1949 gan dîm sy'n cynnwys George Seaborg , Stanley Thompson a Albert Ghiorso a chafodd ei enwi ar ôl y dref. Maent yn syntheseiddio ei ddefnyddio cylchotron i bombard sampl o Americiwm 241 gyda gronynnau alffa . Gan ddefnyddio berkelium 249 , roedd yn bosibl yn 1962 i gynhyrchu 3000000000 o gram o berkelium clorid . Dim ceisiadau masnachol neu wyddonol wedi cael eu datblygu eto .

CALIFORNIUM
Rhif atomig : 98
Symbol cemegol : Cf
Grŵp III B Elfen Pontio (The Actinides)

Cafodd ei ddarganfod gan dîm o fferyllfeydd gan ddefnyddio cylchotron i bombard Curiwm: 242 gyda gronynnau alffa . Mae'r californium isotop 252 a enwir ar gyfer y Wladwriaeth o California yn ddigymell allyrru niwtronau . Ffynonellau niwtronau yn achlysurol anodd dod o hyd . Naill ai mae angen adweithydd niwclear neu mae'n rhaid i rai allyrrydd ymbelydrol iawn o ronynnau alffa megis plwtoniwm yn cael ei gymysgu â phowdr beryliwm . Mae darganfod ffynhonnell niwtron hynod cludadwy yn awgrymu y gall llawer o geisiadau posibl ar gyfer 252.It californium yn hawdd i mewn i'r caeau ar gyfer dadansoddi haenau dwyn olew o bridd neu ar gyfer mwyngloddio o aur ac arian .

EINSTEINIUM
Rhif atomig : 99
Symbol cemegol : Es
Grŵp III B Elfen Pontio (The Actinides)

Darganfod Albert Ghiorso a'i gyd - weithwyr elfen hon yn 1952 yn ystod ymchwiliad y malurion o ffrwydrad bom hydrogen yn y isotopau Pacific.16 yn hysbys, y einsteinium rhai mwyaf sefydlog 254 gyda hanner oes o 252 diwrnod. Mae'r rhan fwyaf o'r isotopau hyn wedi cael eu cynhyrchu yn yr Uchel Flux Isotop Adweithydd yn Labordy Cenedlaethol Oak Ridge yn Tennessee trwy arbelydru plwtoniwm 239 gyda thrawstiau dwys o niwtronau .

Fermiwm
Rhif atomig : 100
Symbol cemegol : Fm
Grŵp III B Elfen Pontio (The Actinides)

Fel einsteinium , Fermiwm nodwyd yn 1952 gan Ghiorso a chyd - weithwyr yn y malurion o hydrogen ffrwydrad bom yn y Môr Tawel . Isotopau o Fermiwm a enwyd ar ôl Enrico Fermi fel arfer yn cael eu syntheseiddio drwy osod elfennau megis wraniwm a phlwtoniwm i bomio niwtron dwys . Mewn amgylchedd niwtron cyfoethog, gall elfen megis wraniwm gael dal niwtron olynol yn aml yn amsugno cymaint â 16-17 niwtron i gynhyrchu'r elfennau transuranium trwm .

MENDELEVIUM
Rhif atomig : 101
Symbol cemegol : Md
Grŵp III B Elfen Pontio (The Actinides)

Yr elfen transuranium artiffisial nawfed a enwir ar gyfer Dmitri Mendeleyev ei ddarganfod yn 1955 gan grŵp o wyddonwyr o dan Albert Ghiorso . Parhau i chwilio am elfennau byth - trymach defnyddiodd y tîm y cylchotron yn Berkeley i bombard einsteinium 253 gyda gronynnau alffa (niwclysau heliwm) ac yn y pen draw ffug mendelevium 256 . gwneud ei adnabod yn anodd iawn ar y symiau bach . Dywedir yn aml bod yr elfen hon yn syntheseiddio un atom ar y tro. Dim ond olrhain symiau o isotopau mendelevium wedi cael eu gwneud ac ychydig a wyddys am eu cemeg .

Nobeliwm:
Rhif atomig : 102
Symbol cemegol : Na
Grŵp III B Elfen Pontio (The Actinides)

Wrth greu Nobeliwm: 254 , Ghiorso a'i gydweithwyr peledu sampl o Curiwm: 246 gyda charbon 12 ïonau sy'n defnyddio'r Trwm Ion Llinellol Cyflymydd . 11 isotop wedi cael eu syntheseiddio hyd yma ac maent i gyd yn ymbelydrol . Nobeliwm: 259 yw'r hiraf yn byw gyda hanner oes o 57 munud. Enwir ar gyfer Alfred Nobel , mae wedi ei gynhyrchu mewn symiau ddigon mawr i ganiatáu astudio ei nodweddion cemegol a ffisegol .

Lawrenciwm
Rhif atomig : 103
Symbol cemegol : LR
Grŵp III B (The Actinides)

Parhau â'u llinyn rhyfeddol o ddarganfyddiadau , y gwyddonwyr Berkeley syntheseiddio ac ynysig Lawrenciwm yn 1961 trwy beledu cymysgedd o 3 isotopau o californium â boron 10 a boron 11 ïonau ddefnyddio trwm Ion Llinellol Cyflymydd . Mae'r targed yn pwyso dim ond ychydig o filiwn o gram eto llwyddodd y tîm i gynhyrchu Lawrenciwm 258 gyda hanner oes o 4 eiliad . Cafodd ei henwi er anrhydedd Ernest O.Lawrence , dyfeisiwr y cylchotron .

RUTHERFORDIUM
Rhif atomig : 104
Symbol cemegol : Rf
Grŵp IV B A Transactinide

Hanes o hawliadau sy'n cystadlu drysu enwi'r elfen 104 . Mae'r tîm o Berkeley yn ogystal â grŵp o Rwsia hawlio'r clod am elfen 104 . Enillodd y cais Americanaidd y dydd. Mae'n cael ei enwi ar ôl y Seland Newydd Ernest Rutherford !

DUBNIUM
Rhif atomig : 105
Symbol cemegol : Db
Grŵp VB A Transactinide .

Hawliadau dadleuol ei darganfod wedi plagued elfen 105 . Yn 1970 peledu Ghiorso a'i dîm yn Berkeley californium 249 gyda nitrogen trwm 15 ïonau ac yn gadarnhaol nodi'r elfen y maent enwyd ar ôl Otto Hahn a chael cymeradwyaeth gan American Chemical Society . Fodd bynnag, yn 1997 penderfynodd y IUPAC t newid yr enw i Dubnium . Mae ei nodweddion cemegol a ffisegol yn anhysbys .

Seaborgiwm
Rhif atomig : 106
Symbol cemegol : SG
Grŵp VI B A Transactinide

Fel y ddwy elfen sy'n destun dadl arall , yr hawliad o ddarganfod yr elfen 106 ynghyd â'r hawl i enwi ei fod yn destun anghydfod . Yn 1974 , datganodd tîm Rwsia eu bod wedi cynhyrchu unnilhexium . Oherwydd bod arbrofion wedi methu i gadarnhau eu canlyniad , mae eu hawliad yn amheuaeth . Am yr un pryd , mae gwyddonwyr yn Berkeley adroddodd y darganfyddiad o unnilhexium 263 ar ôl beledu californium 249 ag ocsigen 18 . Yn 1993 , mae gwyddonwyr yn yr Lawrence Livermore a Berkeley Labordai ailadrodd yr arbrawf a chadarnhaodd y canlyniad. Cafodd ei henwi er anrhydedd Glenn Seaborg .

BOHRIUM
Rhif atomig : 107

Symbol cemegol : BH
Grŵp VII B A Transactinide

Yn 1981 , y gwaith o unnilseptium creu ei gyhoeddi gan ffisegwyr yn gweithio yn
Darmstadt , yr Almaen yn y GSI . Cynigiodd y tîm yr enw nielsbohrium ar ôl Neils Bohr .
Eu ceisiadau ymchwil eu cadarnhau ym 1992 gan y IUPAC . Yn 1997 , newidiwyd yr
enw i bohrium .

HASSIUM
Rhif atomig : 108
Symbol cemegol : HS
Grŵp VIII B A Transactinide

Yn 1984 penodwyd tîm gan Peter Ambruster a Gottfried Munzenberg cyhoeddodd y
darganfyddiad o unniloctium , elfen 108 . Roedd hyn yr un tîm oedd wedi syntheseiddio
bohrium . Yr enw maent arfaethedig hassium ôl haasia yr enw Lladin ar gyfer y
wladwriaeth yr Almaen Hessen . Yn 1992 cadarnhaodd y IUPAC y canfyddiadau a'r enw.
Mae'r nodweddion cemegol a ffisegol yn anhysbys .

MEITNERIUM
Rhif atomig : 109
Symbol cemegol : Mt
Grŵp VIII B A Transactinide

Yn 1982 , cyhoeddodd y tîm Darmstadt darganfod elfen 109 trwy beledu bismwth 209
gyda haearn egni uchel 58 ionau . Dim ond 3 atomau anhygoel ag y mae'n ymddangos
eu creu ac maent yn pydru mewn mater o 3.4 milfed rhan o eiliad . Maent yn cynnig ei
enwi ar ôl Lise Meitner a oedd wedi ei ddisgrifio dwrn ymholltiad niwclear ynghyd â Otto
Hahn .

UNUNNILIUM
Rhif atomig : 110
Symbol cemegol ; Uun
Grŵp VIII B A Transactinide

Gwyddonwyr Ar ôl bron i 10 mlynedd yn rhyngwladol sy'n gweithio yn y GSI yn yr
Almaen llwyddo i greu pedwar neu bum atomau elfen newydd 110 . Gan ddefnyddio
cyflymydd mawr i yrru atomau nicel i gyflymder uchel y maent yn boddi mewn ffoil tenau
o blwm â'r atomau symud yn gyflym o nicel . Yr elfen newydd yn gyflym yn torri ar
wahân ac yn dadfeilio i mewn i atomau ysgafnach . Cafodd ei ganfod gan y 4
gronynnau alffa mae'n ei allyrru yn ystod ei broses bydru .

UNUNUNIUM
Rhif atomig : 111
Symbol cemegol : UUU
Grŵp IB A Transactinide

Nid yw priodweddau cemegol elfen 111 yn hysbys. Gan ei fod yn gorwedd yn yr un golofn fel aur ac arian , mae'n debyg metel . Ar ôl cyflymu atomau nicel i gyflymder uchel ymchwilwyr Almaeneg peledu bismwth â'r atomau nicel sy'n symud yn gyflym . Mae adnabod yr elfen hon yn arwyddocaol gan ei fod yn cefnogi'r ddamcaniaeth y bu 'ynys o sefydlogrwydd ' ar gyfer elfennau yn agos at 114 elfen yn bodoli . Yr elfen Mae hanner oes tua 8 gwaith yn fwy o ununnilium .

UNUNBIIUM
Rhif atomig : 112
Symbol cemegol : Uub
Grwp II B A Transactinide

Ar Chwefror 9,1996 GSI yn yr Almaen cyhoeddodd y elfen 112 pob clod creu i'r tîm rhyngwladol o dan Peter Ambruster . Roeddent wedi peledu atomau sinc a oedd wedi ei cyflymu i gyflymder uchel gyda bwledi symud yn gyflym o blwm . Yn ystod y gwrthdrawiad atom sinc llwyddo i ymdoddi gyda'r atom arweiniol.

UNUNQUADIUM
Rhif atomig : 114
Symbol cemegol : Uuq
Grŵp IB A Transcatinide

Yn 1999 , cyhoeddodd tîm o wyddonwyr yn y cyd Sefydliad Ymchwil Niwclear yn Rwsia y gwaith o metel ultra - trwm newydd. Defnyddiodd y tîm cylchotron i bombard plwtoniwm 244 gyda thrawst o galsiwm 48 niwclysau . Ar ôl tua 40 diwrnod o bomio , cnewyllyn calicium gyda 20 proton hasio gyda niwclews plwtoniwm gyda 94 proton cynhyrchu elfen gyda 114 o proton . Er bod ansefydlog fe oroesodd amser cymharol hir.

Nid yw'r penderfyniad i ddod o hyd i atebion cudd natur wedi ei leihau . Mae'r ymchwil yn parhau i fod ar gyfer y chwiliad byth parhaus i elfennau superheavy newydd. Mae'r grym y tu ôl ymdrech hon yn chwilio am wybodaeth a fydd yn cychwyn maes newydd cyfoethog o astudio yr eiddo niwclear a chemegol o'r elfennau .

Mae yna hefyd gymhelliad mwy iwtilitaraidd ar gyfer chwilio am elfennau sy'n ffurfio ynys o sefydlogrwydd . Mae llawer o wyddonwyr yn credu , er enghraifft y bydd y elfennau newydd yn ffurfio deunyddiau anarferol gydag eiddo egsotig a welwyd erioed o'r blaen . Mae'r atebion a geisir yn yr ymdrech hon yn hanfodol bwysig i ein dealltwriaeth o'r bydysawd